# 市政规划
# 与给排水工程

田涛 刘卫国 张宁 ◎主编

中国出版集团

中译出版社

**图书在版编目（CIP）数据**

市政规划与给排水工程 / 田涛，刘卫国，张宁主编
. -- 北京 ：中译出版社，2024.2
ISBN 978-7-5001-7756-2

Ⅰ．①市… Ⅱ．①田… ②刘… ③张… Ⅲ．①市政工
程－城市规划②市政工程－给排水系统 Ⅳ．①TU99
①F253.9②F252.1

中国国家版本馆CIP数据核字(2024)第047960号

**市政规划与给排水工程**
**SHIZHENG GUIHUA YU JIPAISHUI GONGCHENG**

著　　者：田　涛　刘卫国　张　宁
策划编辑：于　宇
责任编辑：于　宇
文字编辑：田玉肖
营销编辑：马　萱　钟筱童
出版发行：中译出版社
地　　址：北京市西城区新街口外大街28号102号楼4层
电　　话：（010）68002494 （编辑部）
由　　编：100088
电子邮箱：book@ctph.com.cn
网　　址：http://www.ctph.com.cn

印　　刷：北京四海锦诚印刷技术有限公司
经　　销：新华书店
规　　格：787 mm×1092 mm　1/16
印　　张：12
字　　数：239千字
版　　次：2024年2月第1版
印　　次：2024年2月第1次印刷

ISBN 978-7-5001-7756-2　　　　定价：68.00元

# 前　言

　　随着中国国民经济的稳步运行和城市建设的迅猛发展，城市基础设施的建设与重要性越来越受到人们的重视。市政给排水工程是城市基础设施的重要组成部分，其施工是否合理将直接影响和制约城市的发展。市政给排水管道工程质量的好坏不仅对城市功能的充分发挥起到一定的影响作用，而且对城市的道路完好与否、城市环保问题及城市汛期的安全问题等都产生直接的制约作用。因此，市政给排水工程施工是确保一个城市稳步发展至关重要的影响因素。

　　本书是市政给排水方向的书籍，主要研究市政规划与给排水工程建设。本书从市政规划理论与多元理念创新介绍入手，针对BIM技术在市政工程设计中应用的可行性分析与信息管理平台及拓展功能开发进行了分析；接着对市政给排水工程规划、给排水管道工程开槽施工技术及市政给排水管网维护与项目管理做了深入探讨；另外结合当下海绵城市建设与技术应用进行了着重研究；最后对市政工程环境保护对策的完善提出了一些建议，对市政规划与给排水工程建设的应用创新有一定的借鉴意义。

　　本书参考了大量的相关文献资料，借鉴、引用了诸多专家、学者和教师的研究成果，其主要来源已在参考文献中列出，如有个别遗漏，恳请作者谅解并及时和我们联系。本书在写作过程中得到了很多专家学者的支持和帮助，在此深表谢意。由于能力有限，时间仓促，虽极力丰富本书内容，力求著作完美无瑕，亦曾多次修改，仍难免有不妥与遗漏之处，恳请专家和读者指正。

作者

2023 年 12 月

# 目 录

# 第一章　市政规划的依据

## 第一节　市政规划理论

### 一、市政规划与循环经济分析

#### (一) 循环经济的基本概念

循环经济是对物质闭环流动型经济的简称，它是按照自然生态系统物质循环和能量流动规律构造经济系统，使经济系统和谐地纳入自然生态系统的物质循环过程中，建立起的一种新形态经济。其实，循环经济采用的就是可持续发展理念，在主要生产过程进行的前提下，将生产过程中产生的废物垃圾收集起来，作为原材料进行再生产，然后继续进行废物垃圾的再生产，由此循环下去。在这个"材料—生产"的过程中贯彻落实的就是一种少消耗、少排放、多生产的精神。近几年，我国北方出现的"四位一体"的生态工程类型中就采用了循环经济的理念，其中的"四位"是指沼气池、猪禽舍、厕所及日光温室这四部分。这样的生态工程类型的原理就是：使用日光温室的增温效应让蔬菜瓜果等在冬天也可以正常地生长，同时避免家禽因为严寒不能够快速生长。家禽在成长过程中所排泄出的粪便不仅可以成为蔬菜瓜果的肥料，也可以和秸秆等在沼气池发酵产生沼气供人们使用，而蔬菜瓜果进行光合作用所生产出的氧气可以为动物呼吸所用。这样的生态工程就是循环经济合理运用的典型实例，采用多位一体，不仅提高了单位土地面积的产量，同时也保护了环境，减少了污染，在很大程度上提高了农业生产效益，值得市政规划的工作人员学习其中所体现的精神。

#### (二) 市政规划的基本概念

严格来说，市政规划与城市规划是两个不同的概念，市政规划的概念没有城市规划大，它是包含在城市规划中的。在城市规划中不可忽视的就是市政规划，因为它所包含的是对城市中居民所使用的资源进行合理安排和利用，对城市文明建设起着不小的作用。在市政规划中，规划人员要对城市的水、电等进行恰当的安排，尽量避免浪费等的出现，也要同时注意对垃圾废物进行合理的处理，减少对城市环境的污染。可以说，成功的市政规划可以使一个城市变成"人间天堂"，而失败的市政规划会使一个城市成为"人间地狱"。

## （三）循环经济对市政规划提出的要求

### 1. 提高对生态保护的重视程度

生态环境条件被认为是循环经济发展的重要内生变量，生态环境既能满足城市发展的要求，同时又是一种稀缺资源，注重生态环境资源的保护开发与利用是发展循环经济的内在要求。在市政规划中，工作人员要提高对生态保护的重视程度，减轻城市建设对生态环境产生的压力。当然，加大对生态环境的保护力度不是单方面的付出，它对于城市建设也起到不小的作用：不仅可以提高城市的美感，还提高了人们居住的舒适程度。另外，大自然自身具有一种净化能力，生态环境好的城市当然净化能力也强，可以分解掉城市所产生的部分垃圾。除此之外，生态环境还可以给城市提供生产生活资料等。生态环境保护是循环经济中的一个重要组成部分，是能从根本上保持城市可持续发展的重要途径，因此，生态环境保护不可忽视。

### 2. 实现资源的循环利用

从循环经济的概念就可以看出，要实现循环经济就要实现资源等的循环利用。这就要求城市构建可实现资源共享、能源层级利用、物料互惠的经济产业链条，经济产业链在宏观层面实现社会化大循环、在中观层面实现相关产业之间的中循环、微观层面实现企业内部小循环。除此之外，还要加强基础设施及管道交通设施的建设，实现能源、资源的快速高效流动。

### 3. 减少城市发展中资源的投入量，提高利用率

由于经济发展水平高，发达国家和地区在进行经济发展过程中，投入使用的资源及能源很少，然而获得的回报很高，这是因为这些发达国家和地区的资源和能源的利用率很高，这就给我国提供了一个很好的借鉴。市政规划人员在进行规划时，要尽量减少资源和能源的投入量，提高利用率。在土地利用方面，要尽量减少城市建设对林地、园地等的占用，同时，节约空间，优化土地利用结构；另外，除了对地面加大利用率外，也要加强对地下的开发等。

## 二、新形势下完善市政规划的有效措施

### (一) 加强公众参与，确保市政规划公开性

市政规划的特征决定了市政规划是涉及不同利益主体的行为，开发商、市民、投资者、中央与地方政府等都与此相关。所以，今后我国的市政规划及城市建设，需要广泛征求不同利益主体的看法和意见，权衡各方面的诉求，使不同利益主体的利益表达渠道畅通，做到城市规划法治进程透明、公开，确保公众能够参与并积极参与市政规划建设。

### (二) 以法制建设为本，确保市政规划进程

加快推进市政规划相关法律法规建设，坚持依法规划、依法管理，保障市政规划有序进行，将城市开发建设纳入法治化、规范化的轨道。科学合理的市政规划法治体系不仅为政府或者管理者提供行政管理上的便利，还为市政规划的各利益方提供完善的权益保证机制。我们市政规划法治体系更多考虑的，是确保公民的利益不受损，加大对其的保护力度，不引起冲突，构建社会主义和谐社会。

市政规划，是一个城市赖以发展的基础，只有以科学合理的规划做支撑，才能加快一个城市经济社会的发展。然而，当前我国市政规划管理存在或多或少的问题，集中体现在市政规划缺乏科学性、市政规划管理缺乏手段等。近年来，市政规划的浪潮席卷全球，新形势下，如何做好科学规划工作，成为各级政府工作的重中之重。要坚持问题导向，及时发现市政规划中存在的各种问题，结合实际情况，因地制宜，从问题中寻求发展机遇、总结发展经验。要积极鼓励群众参与到市政规划设计当中来，坚持依法依规规划，确保市政规划的公开性、科学性和有效性，实现我国城市又好又快发展。

## 三、促进我国公民参与市政规划过程的对策

### (一) 转变观念，加强公民主体能力的培养

首先，从政府角度来说，政府部门作为市政规划的发起者和主导者，必须坚持以人为本的政策，将公民的合法权益放在首位，认识到市政规划的本质要求，就是不断满足公民的发展需求，维护公民的利益。基于此，政府要加强对公民参与市政规划建设理念的宣传和推广，通过多种渠道和方式传播民主公正的思想，使公民从内心真正领悟到参与政治建设的重要性，有效地行使自身的权利和义务，做一名合格的良好公民。同时，政府针对公

民政治性和专业性较低的问题，可以安排公民进行规范化培训，通过开展专家讲座和社会论坛等方式培养公民的主体意识。

其次，从公民角度来说，公民要深刻意识到自己是国家的主人，对于国家城市建设和发展有着不可推卸的责任和义务。在思想上要端正态度，认识到市政规划是关系到个人、城市乃至国家的大事，提高参与的积极性。同时，公民要认识到自身的主体地位，树立主人翁意识，充分发挥民主舆论的力量，将市政规划导入正轨，运用法律政策等合法手段来维护自身权益，积极参与市政规划活动。

### （二）健全制度，强化公民参与权利的实现

首先，要完善政务公开制度，发展电子政务。政府可以通过媒体、网络等平台对重大决策信息进行实时发布，保证行政权力的公开透明，使公民的知情权得到保障。同时，电子业务的推广也使得公众参与政策讨论的渠道畅通，政府能够及时了解公众的心声，更好地改进城市规划。其次，政府要完善信访听证制度，强化公民利益的表达。当前信访渠道的不通畅是阻碍公民行使权利的主要问题，因此，建立绿色顺畅的听证渠道，有利于群众意见的表达。政府要健全和完善听证制度，通过法律等途径对公民的参与权进行维护，改变公民在市政规划参与方面的弱势地位，建设社会主义和谐社会。

在新时代下，政府要明确公民的主体地位，实现市政规划的民主性，坚持社会主义科学发展观，建设社会主义和谐社会。

## 四、低碳节约型城市市政规划设计

伴随城市化发展进程的不断推进，我国城市建设规模逐步扩大，覆盖面越来越广。城市建设如同一把"双刃剑"，一方面有助于优化居民生活环境、提高居民生活质量，另一方面也会带来一系列负面影响，诸如城市污染、能源损耗等问题。伴随这些问题的日益暴露，我国越来越重视构建低碳节约型城市。基于此，如何切实增强对生态环境的保护，推进低碳节约型城市市政规划设计成为城市规划发展中的一大热点问题。由此可见，对低碳节约型城市市政规划设计开展研究有着十分重要的现实意义。

### （一）低碳节约型城市概述

低碳节约型城市作为一个拥有"低碳""节约"属性的新型城市发展理念，其旨在秉承低碳节约理念对城市开展规划设计，不管是组织还是个人均应当依托低碳节约理念构建全新的低碳节约文化，同时推进该种理念与城市建设的有机融合。就低碳节约型城市的规

划设计而言，应当提高资源的利用率，切实做到节水、节电、节地，还应当倡导循环经济，推进社会经济结构及科学技术创新的优化调整，推进法制建设的逐步完善，尽量确保社会生活中的每一环节均可实现对低碳节约理念的充分体现，进一步构建低碳节约型的社会发展方式，最终实现城市规划设计与社会发展的全面统一，对城市的有序健康发展有着十分重要的现实意义。

## （二）低碳节约型城市市政规划设计对策

### 1. 推进节能材料及技术的优先使用

城市建筑不仅是城市活动的重要载体，还是居民生活不可或缺的场所，很大程度上影响着城市的碳排放。为了完成城市低碳节约的目标，规划应当将建筑设计作为切入点，宣扬节水、节能、节材等绿色理念。其中，在建筑节水上，应当注重水资源的循环利用，提升水资源的利用效率，缩减水资源的损耗；在建筑节能上，应当注重提高节能设备的应用率，推广太阳能利用工程，缩减建筑能源的损耗；在建筑节材上，应当引入保温隔热的建筑材料，科学构建采光、通风系统，引入节能型制冷、取暖系统。与此同时，还应当强化对一系列节能指标的科学评价，包括人均生活耗水量、节能设备推广率、单位建筑面积电耗等。

### 2. 推进城市公共交通的优先发展

城市交通不仅是城市发展中客流、物流的重要桥梁，还是石化能源消费和碳排放的大户。通常而言，城市空间结构离不开相关交通体系的支持，低碳节约城市空间结构的建立同样离不开绿色交通体系的有力支持。所以，低碳交通是城市发展的必经之路。相关研究数据显示，在各类交通工具中，公共交通是最理想、最节能的一种方式，众多发达国家客流量半数以上均由公共交通承担，日本东京更是达到九成左右。因而，城市市政规划设计中应当构建起以公共交通为主导的交通体系。

### 3. 推进公用空间的科学规划

低碳节约型城市市政规划设计过程中，公共空间有着极高占比的面积，诸如广场、绿地、公园等，该部分公用空间对城市形象塑造及城市环境美化起到至关重要的作用，还是促进低碳节约型城市建设的一条重要途径。所以，在低碳节约型城市市政规划设计过程中，应当明确公用空间利用的重要性，推进公用空间的科学规划。一方面，公用空间可促进城市经济与市政公共基础设施的协调发展，进而实现对城市发展需求的有效满足；另一方面，对公共空间的规划与利用应当防止其出现闲置、浪费情况，进而实现真正意义上的开放，收获可靠的应用成效。

总而言之，建设低碳节约型城市，是人类社会发展的必经之路。鉴于此，城市市政规划设计相关人员务必不断钻研研究、总结经验，提高对低碳节约型城市内涵特征的有效认识，强化对现阶段城市市政规划与设计中存在主要问题的深入分析，清楚认识"推进节能材料及技术的优先使用""推进城市公共交通的优先发展""推进公用空间的科学规划"等，积极促进我国城市的有序健康发展。

# 第二节　多元理念与市政规划创新

## 一、智慧城市规划中的智慧市政规划

智慧城市建设是城市由传统农业社会到工业社会再到后工业社会发展的必然结果，而城市市政基础设施是城市建设发展的重要组成部分，智慧市政设施规划和建设是智慧城市建设的核心内容，是城市可持续发展的重要保障。本节通过分析智慧市政规划的架构，建立综合的智慧市政平台，对信息基础设施、供水、排水、能源等各项基础设施进行综合的智慧管理，建立智慧市政规划内容框架，并对各子系统的核心内容进行了确定。

现阶段中国城镇化率已经超过50%，城市的聚集效应不断增强。随着城市的不断发展及城镇化水平的提升，城市的各种问题也不断显现，如交通拥堵、供水安全不能保障、能源不平衡发展、水环境大气环境问题突出等。另外，城市的发展也要求快速解决一些应急事件及突发性事件。如何摆脱城市发展困境，建立可持续的城市发展模式，保障城市的健康可持续发展，成为现阶段亟须解决的问题。

在这种背景下，全球互联网、新一代移动宽带网络、下一代互联网、云计算、物联网等新技术的应用和发展，促使城市向更高的智慧化阶段发展。而城市与互联网等的融合为解决城市的一系列问题、实现城市的精细化发展提出了新的方案。智慧城市作为一种城市发展的新型策略，成为城市决策和管理的必然选择。

在智慧城市的规划建设中，智慧市政基础设施是其核心组成部分。智慧市政主要通过集成供水、排水、供电、供热、供气、垃圾处理等已有的城市信息化管理手段，在此基础上，应用新一代的信息技术，通过整合广泛的传感器系统和物联网系统、数据感知网络、地理信息系统、城市数据管理系统等，实现市政基础设施的信息共建共享，形成市政系统的数字化、立体化、层次化、精细化、网格化、协同化的市政一体化管理平台。通过各系统的数据耦合，在一个平台上进行综合管理，从而支撑整个城市的市政智慧化管理和运营，实现城市的可持续发展。

## （一）智慧市政规划

### 1. 信息基础设施建设

智慧市政的实现依赖智慧信息基础设施的建设。智慧信息基础设施具有基础性、公共性、智能化的特点。智慧信息基础设施主要包括：

通信网络基础设施，包括移动宽带网络、下一代互联网、有线电视网、交通数据网、智能电网数据网等，智慧城市依托通信基础设施进行数据的接收及传输，是整个智慧城市的神经系统。

信息交换、计算及存储系统，包括城市外部云计算平台、城市数据中心、各智慧市政子系统数据平台等，为智慧市政提供最基础的计算及存储支撑服务。

市政物联网系统，包括市政管网的感知及监测系统，主要包括各市政管网数据监测传感器、监控摄像头、智能控制阀门和开关等，通过市政的物联网系统，实现对市政设施及管网的运行状态监控、应急事故处理、智能化调度等。

数据支撑系统，包括城市规划建设信息平台、地理信息数据平台、气象数据平台、交通数据平台等，通过各数据支撑平台的建设，有效对智慧市政进行预测、管理、决策。

智慧信息基础设施的建设须着眼于城市全局层面进行统筹布局，综合整个城市的智慧化需求进行建设，而不能受限于一个局部和子系统，以免重复建设，造成浪费，或者建设不均衡。另外，智慧信息基础设施的建设须考虑整个城市资源的协调分配，进行共建共享，实现信息基础设施资源的合理集约配置。

智慧市政建立综合的智慧市政平台，对供水、排水、能源、交通等各项基础设施进行综合的智慧管理，通过更透彻的感知将智能传感技术、定位、互联、自控及地理信息等运用到供水、排水、能源、交通等各种城市基础设施和运行环境的监测中，并且应用更全面的互联互通使得分散的数据得以交互和共享，在全局的层面上解决问题。运用先进的分析和模型工具，对数据进行深入的分析和计算，实现控制的深入智能化，以便更好地支持运营决策和管理行为，保障基础设施的安全运行，实现城市市政设施的安全灵活高效管理。

在这个框架下，智慧市政系统划分为多个子系统，主要包括智慧供水系统、智慧排水系统、智能电网系统、智慧冷暖供应系统、智能交通系统等。

智慧供水系统：智慧供水系统以供水服务标准化、调度智能化、管理精细化为建设目标，利用传感技术及无线通信技术，实现对水源、供水设施及管网的全面、动态化管理，实时监控管网关键点，自动预警，辅助爆管事故处理。充分利用网络、物联网技术和信息资源，进行服务效能整合与升级，加强资源整合与共享，实现节能减排，提高资产运维管理效率，并指导管网的改造及升级。

智慧排水系统：智慧排水系统主要包括智慧排污系统和智慧排涝系统。智能排污系统主要对重要干管、污水泵站进行监测，获取污水管流量、流向、流速等数据，通过数据处理分析，实现污水管工况、污水管压力分析及污水管优化、污水泵站运行参数调节等功能。在污水厂的控制系统中，以污水处理厂流量、进水水质、各个构筑物运行指标、构筑物内水质指标为监测对象，通过模型分析，实现污水处理厂优化运行，节能降耗的目标，并提高控制及管理效率。智慧排涝系统主要通过对重要雨水干管、积水点、立交桥等进行监控，实现对地面径流的全流程数据监测，对主要的易涝点进行全方位的监测和自动化控制。

智能电网系统：在城市层面，打造城市能源互联网，将可再生能源、电网、用户实现统一平台管理，实现能源的实时自动化调度和分配。在社区或楼宇层面，建设微电网控制系统，在社区或楼宇实现屋顶太阳能、冷热电三联供能源的合理配给。建设基于区域智慧电网，建设用电信息采集系统、智能变电站、智能供电设备及线路管理系统，实现对各个供电单元及供电设施进行智能化的管理和调度。

智慧供气系统：智慧的供气系统通过对重要供气参数进行实时的监测，采用一体化的数据采集、计量、控制系统，采集用气信息，以及管网和设施信息。通过综合的智慧控制调度平台，实现燃气供应的智慧化，并指导燃气管网的改造和升级。

智慧冷暖供应系统：规划建设智慧的供热及供冷系统，将各种供热方式和制冷方式进行整合，统一到综合的供热供冷管理平台。采用智能一体化的数据采集、热计量、监测控制系统，对热力站、用户用热用冷情况进行自动化监测与控制。实时采集管网压力、温度、流量等参数，根据热力站和用户用热用冷特点进行全流程的用热用冷配给，满足不同用户控制要求，降低城市能源的消耗，实现能源的集约节约利用。

2. 智慧市政的设施支撑

除了常规的信息基础设施建设外，智慧市政需要公共数据中心的支撑。公共数据中心包括智慧市政的基础数据平台和综合决策平台。

基础数据平台主要包括城市的地物信息、管线数据、道路数据、经济统计、建设信息等。数据中心应按照政务基础数据库加业务数据库的模式来建设，建立城市的公共基础数据库。

另外，传统基础设施的改造也是重要的内容，主要是对现在已建设的设施进行智能化的改造，以达到智慧市政设施的要求。

## （二）对传统市政规划的改变

与传统的市政系统相比，智慧市政融入了信息化的内容，在系统上增加了信息基础设施，包括基础的信息设施、数据服务中心、数据采集及控制设施等。在规划中要对信息基础设施的建设有所考虑。另外，可以结合综合管理的建设推动智慧市政的建设，综合管廊的建设可以对信息采集、控制及监视起到较大的支撑作用。

# 二、节约型城市的构建与市政规划

城市化进程的加快，促使我国的经济建设获得了稳步的提升，但却对环境、生态产生了一定的负面作用，甚至造成了严重的恶性循环。节约型城市的提出，为国家的发展和城市进步提出了新的方向、新的要求，符合可持续发展战略。构建节约型城市过程中，必须从客观的角度出发，同时在市政规划上要进行深入分析，确保城市的长久发展。

## （一）节约型城市的内涵

城市在发展、建设过程中，会耗费大量的资源，且为了长久服务，必须在多方面持续优化。节约型城市的构建，可将资源的耗费量保持在最低限度，整体生态环境获得良好的改善，避免造成严重的破坏情况。针对节约型城市的内涵、特点进行分析，可进一步明确日后的工作方向和目的，便于采取有效的手段来完成。

构建节约型城市并不是最近才被提出的工作，而是我国在可持续发展中，一贯坚持的理念。中国幅员辽阔、人口众多，经济发展南北差异较大，节约型城市的构建能够在很大程度上缓解社会压力和人口压力。首先，各地区积极地构建节约型城市后，经济、环境达到协调发展，工业的数量有所减少，污染降低，促使城市的空气更加清新，土地的开发程度降低；其次，在节约型城市的市政规划中，告别了以往的传统方法，会尽量采用可持续规划，避免反复的拆除、建设。一个城市的健康发展，必须对城市的运作进行深入的分析。节约型城市的建设，能够从每个城市的具体情况出发，将各方面的工作合理分配，通过逐渐过渡的方式，减少城市的恶性问题，确保良性循环。

## （二）节约型城市的构建、市政规划分析

与一般的城市类型不同，节约型城市的构建、市政规划，都要在大量的讨论和研究后才能进行。我国的很多城市虽然在表面上发达，但内部已经"千疮百孔"，不仅资源严重枯竭，城市的人口分布也呈现为两极化的发展，再加上经济的不均衡和社会的不稳定，基

本上成了影响国家发展的重要问题。节约型城市的构建、市政规划必须将"表面化"的城市积极改善，促使城市展现出真正意义上的繁荣，市政规划要走可持续路线，推动生产、生活的进步。

**1. 城市土地资源的规划使用**

节约型城市的构建、市政规划中，土地资源的规划使用是一项决定性的工作。首先，节约型城市的最大特点就是"节约"，这意味着在今后的建设中，公共土地的使用、建设土地的审批等都会变得更加严格。同时，要在一定程度上保留好土地的资源性、肥沃性，开展相关的治理工作，保证城市的发展能够走向更高的台阶。其次，在土地资源的规划过程中，还应该充分地考虑到是否会造成污染，是否会对今后的工作产生不利影响。当前的很多城市都表现为密集的特点，土地资源的利用应避免建设高污染的工业，多建设绿色建筑，转变城市的恶性循环，提升城市的价值。

**2. 城市环境质量规划**

节约型城市的构建、市政规划，还要在环境的质量上做出努力。近年来，我国各地区的环境污染情况不断加重，无论是南方还是北方，有相当多的城市都出现了严重的雾霾现象，导致居民生产、生活遇到了很大的难题。在节约型城市的建设过程中，"节约"的含义，还包括减少空气污染物、提高空气质量、加强环境建设、降低废水废弃物的排放等内容。结合以往的工作经验和当下的城市环境标准，环境质量规划可从以下三方面来完成：第一，必须坚决取缔高污染的企业、工厂，前期责令在短时间内改善，未达到要求后直接取缔，从源头治理环境；第二，加强市政环境的建设，针对道路两旁的树木、花草进行治理，避免形同虚设，强化绿化园林的建设工作，净化空气质量；第三，环境质量与居民具有密切的关系，在产业转变上，居民也做出了积极的努力，将传统的小农生产及自然经济的发展方式，转变为现代生产力和市场经济的发展方式；低层次、低水平和传统型的工业化路径，转变为高端化、高效益和新型工业化路径；城乡分割、城乡对立和城乡间孤立封闭型体制，转变为城乡一体、统筹发展和综合互动的体制。从以上的成果来看，节约型城市的构建、市政规划中，虽然有很多的难题要解决，但从大局的角度出发后，区域的配合及城市的协调就变得简单，各类问题的解决速度较快，避免了恶性循环。

从目前节约型城市的构建、市政规划的工作来看，各个地区的城市群得到全面的建设，节约的效果不断凸显，推动了国家的较大进步。日后，针对节约型城市的研究须更加深入，创造出更大的社会价值。

# 三、市政管理信息规划与平台建设

随着信息化社会的不断发展，我国城市逐渐朝着绿色、健康的方向发展，为人们提供便利的同时，也提供了舒适的生活环境，这与市政工程的建设有着密不可分的联系。然而，在现代化的社会背景下，市政工程已经与信息技术平台实现了完美融合，人们通过设置相应的信息化平台，能够实现对市政工程的管理与监控。本节将针对市政管理信息规划与平台建设等内容进行具体分析和论述，希望能够为城市管理与市政工程建设带来一些帮助和启发。

仔细观察便会发现，如今很多城市已经实现信息化的管理体系，城市也朝着数字化城市的方向发展，市政企业在对城市进行绿化施工等环节时，可以通过信息平台来实现全面调度，对城市绿化存在的问题及可能存在的风险提出防控措施。通过建立相应的信息规划平台，能够实现对城市的遥感管理，将全球定位系统和数字自动采集系统结合起来，能够形成一体化的管理体系。与传统的城市规划管理体系相比，现如今的管理体系具有全面性、多样性，能够全方位、无死角地对市政工程进行管理与监督。

## （一）市政工程平台建设的总体目标和建设原则

市政工程信息化平台的建设，就是为人们提供更直观、更全面的城市信息，能够将现代技术与传统的市政工程管理、市政维护工作紧密结合。例如，计算机技术、现代空间技术、网络技术、GIS 技术等，这些现代化的技术能够有效地与市政工程完美融为一体，不仅可以提高市政工程的规划管理效率，还能够从根本上起到保障市政工程安全的作用，具有实用性和先进性。

## （二）市政工程平台建设内容

市政管理信息规划平台的建设主要有两大部分，分别是信息化数据建设和一体化应用集成框架的建设。两者之间有着密切关系，前者需要借助大数据对城市现有的市政管理与市政工程施工情况进行编制汇总，并整理成相应文档存入数据库，为日后的市政施工和城市管理起到一定的基础性作用；而一体化应用集成框架则是为了更好地对日后的市政管理及工程施工起到促进性作用，人们可以将规划业务、技术审查系统及建筑单位电子报批系统、会议服务管理系统等融为一体，实现多维一体的平台建设体系。

## （三）平台总体框架

市政管理信息规划的平台建设应当设置大致框架。由于每一个城市的市政工程发展与市政管理体系都有一定的差异性，所以人们在设置市政管理平台时，需要根据自身的实际情况来使用个性化的管理体系。从宏观角度来看，市政管理标准及安全体系可以大致分为四大部分，这些部分的数据库都需要依靠网络来运行，并且要实现软硬件兼顾，其中包括现状数据库、规划数据库、审查数据库及文档数据库。每一个数据库都需要定期更新，对市政工程的施工状况及未来的城市规划进行详细记录。

## （四）市政工程信息规划平台设计思路

平台设计时需要以信息流为主、工作流为辅，这样才能够实现业务的协同化发展。除此之外，还需要注重统一规划空间数据和应用平台管理，每一个项目对数据市政实施规划等都有不同的要求，但其有共同点，就是在使用平台数据时需要与互联网进行联系，只有提升网络环境的开放性，才能够实现市政工程规划的高效性。平台建设还应当实现业务流程与数据空间的一体化，较为常见的软件有 CAD、GIS，这些现代化的技术在平台建设和市政工程规划管理中能够起到至关重要的作用，会大大提升人们的工作效率，还能够实现对城市发展的全面管理。

## （五）市政工程规划管理信息综合平台的建设要点

### 1. 规划综合数据库设计与建设

如今大部分城市对绿化工程十分重视，相关管理者在设置信息规划平台时，应当注重融入相应的规划数据，将企业现有的空间信息和非空间信息进行汇总，这样能够为施工者提供一个更全面、更真实的信息资源数据库。从宏观角度来看，平台的建设不仅能够为人们提供真实、即时、准确的信息，还能够为市政工程管理带来极大便利。

如今市政工程施工与市政工程管理规划是人们所关注的问题，随着人们生活水平的提高与社会的发展，越来越多的人对环境提出了更高的要求，要想满足人们的需求，就要不断提高城市市政管理效率，及时地了解人们的需求，并不断地完善现有城市规划体系，将互联网与信息技术完美融合，为人们提供更全面的市政管理制度。市政管理信息规划与平台建设能够从根本上提升市政管理效率，是市政工程发展过程的标志性环节，也是城市进步的重要体现。

### 2. 规划业务技术审查系统

在传统的市政工程施工过程中，人们要想得到相应项目的审批，需要经过很多环节、层层上报得到各个部门的批准后，方可对市政工程进行施工。但是在现代化的社会背景下，信息化技术的出现能够大大提高市政工程管理效率，从根本上完善规划业务、技术审查系统。从项目审批到项目运转监控，都可以通过互联网平台来完成，不仅节省了人力、物力、时间，还能够降低相应的成本。可见，在互联网时代下，市政工程管理能够完美地与信息平台相融合，为市政工程管理的可持续发展奠定了坚实基础。

3. 建筑单位电子报批系统

市政工程管理平台在实际的建设过程中，应当注重电子报批系统的建设。电子报批系统主要可以分为两大部分，分别是设计版和审批版。其中，设计版是为市政单位服务，而审批版是为政府规划审批部门服务。透过这项技术，能够真实有效地对建筑间距系数检测、用地平衡指标计算、城市经济技术指标计算等进行监管，实现多元一体化的空间数据库建设。

## （六）平台建设的总体要求

### 1. 平台建设的总体技术要求

市政管理信息规划平台的建设应当有相应的技术要求，对相关管理者要有严格的技术管理制度。只有用严格的管理制度与平台管理体系对市政工程进行监督，才能够为人们营造良好的生活环境与居住环境。平台建设的总体技术要求主要分为三大部分，分别为数据标准统一、系统平台统一、数据平台统一。其中，数据标准统一主要指对城市中各种形式的数据进行统一的表达，这样方便存储和使用；系统平台统一是指后台在运作时需要从根本上实现协同办公，使办公系统平台的建设具有开放性，这样才能够保证各种信息实现公开、透明化管理；而数据平台统一，通常指数据库中的各种数据要及时更新，这样才能够具有权威性和代表性。

### 2. 平台建设应用的关键技术

平台建设应用的技术有很多，其关键技术大多都是具有三维立体空间的模型，透过这些模型，相关施工管理人员能够对城市的规划有更全面、更透彻的分析、规划，空间数据和业务数据之间进行整合，这样能够实现对模型的基础设计，在数据建模的层次上实现统一，例如 Geodatabase 模型和 SOA 架构等。

在现代化的社会发展中，市政工程管理与传统式的管理有很大差异，要想跟上时代的步伐，实现与时俱进的目标，就应该融入现代化的管理体系，让市政工程管理实现公开、透明，这是时代的发展需求，也是市政管理的未来发展趋势。建立相应的规划信息平台，能够实现数据库应用平台和应用系统的完美融合，为提高管理工作效率和服务质量奠定坚实基础。

# 第二章 BIM技术在市政工程设计中的应用

## 第一节 BIM技术在市政工程设计中应用的可行性分析

### 一、BIM技术在工程建设各个阶段的具体应用与实践需求分析

在我国，一个工程建设项目完整的生命周期包括项目决策阶段、工程设计阶段、工程施工阶段、工程竣工验收阶段、运营管理阶段。BIM技术能够应用于工程建设项目的整个生命周期，在工程项目建设的各个阶段发挥重要作用。

#### （一）项目决策阶段

在工程建设项目的决策阶段，建设单位提出项目建议书后，首先需要组织专家对建议项目进行可行性研究，从社会、经济等多方面考虑诸多因素，分析论证工程项目的可行性。在项目可行的基础上，还需要进一步对项目进行社会、政治、经济等方面的评估，根据项目建设各方面效益进行决策，确定是否立项。在项目决策阶段应用BIM技术，能够实现城市人口分布、用地状况、资源分布、环境状况、交通状况、经济状况等预测分析，从而为工程建设项目的决策提供必要、可靠的数据支撑。

在此过程中，建设单位需要根据调研数据进行项目构想，并根据大量信息进行分析论证。这项工作主要是将相关数据和信息以表格、图形和文字等形式按照一定的组织方式进行罗列，然后通过人脑进行分析判断，最后以文件的形式将结果展现出来。该阶段的工作量大、过程复杂、费时费力、成本高，特别是部分数据参数修改变化后，大部分工作需要重复进行，工作量更是翻倍增加。BIM技术在此阶段可以为建设单位提供附着有各种调研数据和信息的三维概要模型，并按照一定的逻辑对各类数据和信息进行关联，根据相应的分析和评估理论或方法自动进行项目技术和经济可行性分析，评估其社会价值或经济效益。整个过程的大部分工作直接由电脑处理完成，速度快、准确性高，数据修改变化后能

够快速得到修正结果，极大地提高了工作效率，缩短了工期，节约了成本。

## （二）工程设计阶段

在工程建设项目的设计阶段，设计单位必须认真领会建设单位的项目建设意图，根据建设构想和要求进行项目选址、结构形式、空间布局、外观形象等内容的设计，并用一定的可视化表达方式将设计结果准确地表达出来。这一工作首先要通过人的大脑进行概念设计，然后通过绘制二维图纸并编写信息文本进行表达。受人脑记忆功能的时效性限制，这一工作过程非常复杂，工作效率大大受限。而且在工程设计过程中，往往需要多位专业工程师各自独立设计然后综合，更增大了该工作的复杂性和难度，从而导致工作时间长、效率低下且易出错。BIM技术可以使设计单位在建设三维概要模型的基础上，进一步附加更加详细和准确的数据和信息，使各专业工程师可以各自独立地在BIM模型上进行进一步的细化设计，尔后电脑再自动进行各专业设计成果的综合，大大降低了工程师的工作量和工作难度。具体来说，BIM在设计阶段的价值主要体现在以下四方面：

### 1. 快速、准确地建立三维模型，高仿真展现设计成果

使用BIM技术，可以快速地将头脑中的概念设计转换成电脑中的三维立体模型，使概念设计更加清晰地展现在工程师面前，便于工程师对设计结果存在的或可能存在的问题提前进行排查，减少设计错误。

### 2. 多专业协作，提高设计质量

BIM模型可以为一个工作平台，允许不同专业工程师同时在线对同一模型进行修改编辑，系统自动进行多专业综合，提示不同专业设计之间的冲突错误问题，不但可以提高工作效率，同时也大大提升了设计的质量。

### 3. 修改方便，变更设计工作量大大减小

BIM模型可以进行信息和参数的联动修改，当设计有变更时，工程师只需要在一个信息库进行数据修改，与之关联的所有系统信息就会自动更新，大大提高了工作效率，也避免了变更过程中遗漏修改的错误。

### 4. 实现快速、精确化预算

BIM技术不但能够快速建立设计结果三维模型，还能自动按照构件三维尺寸计算构件工程量。在此基础上，BIM模型还可以按照定额计价模式自动计算出工程造价。计算精度只与原始数据和信息的准确度有关，能够实现快速、高精度算量和计价。

## （三）工程施工阶段

在工程施工阶段，施工单位拿到图纸后，首先要全面对施工图进行计算核查，排查图纸中的明显错误和矛盾。在排查过程中，工程部技术人员要反复对照平面图、纵断面图、横断面图及各种相关文字信息和数据。在确保设计正确无误的情况下，编制施工方案进行施工组织设计，确定资源调配计划，通过测量进行工程定位定形，有序开展工程施工。在此过程中，利用 BIM 技术主要可以解决以下问题：

1. 图纸查错和工程量核算

基于 BIM 技术的二维施工图由三维模型自动生成，具有很高的准确性，所以如若能够确保三维模型准确无误，就能确保施工图和施工数据的正确，由此计算得到的工作量数据也比较可靠。三维模型在检查排错时，更容易发现错误或者不当的地方，大大降低了施工单位图纸核查的工作量。

2. 模拟施工，优化方案

利用 BIM4D 对多套施工方案进行模拟对比，确定最优施工方案。另外，提前模拟演示施工过程，有助于预先发现施工过程中的不利因素，提前做出应对措施，确保施工顺利进行。

3. 根据需要自动生成施工放样数据

利用 BIM 模型可以方便地查询任意构件或工程部位的几何尺寸和位置坐标，可以根据需要批量生成各种施工放样数据，不但提高了放样数据的准确性，也节省了工程施工人员的计算工作时间。

4. 精确算量，合理调配资源

BIM 5D 不但可以模拟施工，还能快速、准确地计算施工各个时期的资源用量和需要的资金投入，方便施工单位做好资源调配计划，实现精益化施工。

## （四）工程竣工验收阶段

在工程竣工验收阶段，BIM 模型的三维立体及其相关联的数据信息可以为工程的检查验收提供比较直观和便捷的依据。

在工程验收阶段应用 BIM 技术，能够实现隐蔽工程（城市地下管线、综合管廊等）验收的可视化，从而提高工程验收结果的准确性和可靠性。

## （五）运营管理阶段

在工程的运营管理阶段，BIM的数据库不但可以为工程运营、养护、维修等提供资料依据，还可以方便地进行维护管理数据记录和查询，建立信息查询系统、维修档案记录系统和服务能力评价系统。

# 二、BIM正向设计的价值

## （一）减少漏缺，提高设计质量

在"翻模"设计中，首先要将头脑中的概念设计绘制成三向二维图，然后绘制三维立体图。其二维图在绘制过程中，很容易出现缺漏从而造成三向图不一致或错误。

而在BIM正向设计过程中，先完成三维立体设计，然后由电脑根据投影规律投射自动生成三向二维平面设计图，避免出现二维图纸有缺漏或者三向二维图有出入或冲突的问题。

## （二）各专业协同设计，提高效率，减少碰撞

在BIM正向设计中，各专业设计师可以通过一个共同的工作平台来共享各自的阶段性设计成果或者最终设计成果，其他专业设计师在同一个平台下对同一个模型进行各自领域的设计，可以较好地实现专业综合，避免专业冲突造成设计错误。

## （三）360°三维全景设计

在BIM正向设计中，不管是设计成品还是半成品，均以三维立体效果展示在设计师面前，不需要大脑加工就能直观地看到设计效果。设计师可以360°无死角观察和修改设计成果，对模型进行优化修改，附加更复杂的数据信息，从而使模型不但更加完整精确，还能实现更多的功能和用途。

# 三、BIM技术在市政工程设计中应用的可行性分析

根据前述对道路BIM内涵及其应用价值的分析，BIM正向设计理念毫无疑问与社会科学发展趋势吻合，是未来道路工程设计的必然走向。

## （一）BIM在市政工程中应用的困境

目前，市政工程设计中BIM技术的普及率并不高，其原因主要有以下三点：

1. 标准问题

BIM 设计目前没有统一的交付标准，设计单位进行 BIM 建模必须达到怎样的程度和标准，必须具备哪些功能和附有哪些数据信息，目前国家和行业均没有明确规定。在设计前期，设计任务书的部分细节问题往往没有确定，使设计在业主要求下不断修改。就算设计完全符合相关规范、标准，也会被要求做出冲击标准、规范的修改要求。

2. 效率问题

在建筑 BIM 正向设计过程中，三维立体模型作图过程的复杂或难度远超过二维图的绘制，妨碍了设计单位采用并推广正向设计理念。

3. 与建筑工程相比，道路工程的特点问题

在道路工程，中一些构件（如边坡、护面墙等）没有固定的形状和尺寸，不利于标准化，给道路 BIM 的推行带来一定的困难。另外，还存在地形数据及工程计量近似性问题、土工构筑物力学性质不稳定影响承载力验算等问题。

## （二）BIM 在市政工程中应用问题的解决方案

在上述三方面的问题中，前两个是我国整个 BIM 行业的共性问题。

1. 标准问题的存在与 BIM 的概念和内涵的界定有很大关系

在建筑 BIM 的概念中，BIM 技术的应用应贯穿整个工程的生命周期，要能够实现多种信息管理及性能分析模拟功能。不同工程、不同建筑需要模拟分析的性能各不相同，国家相关部门在现阶段还无法就具体工程形成统一的标准。这一问题不光是我国国内普遍存在的问题，同时也是国际上甚至一些发达国家存在的问题。在许多国际知名 BIM 应用案例中，也没有实现 BIM 全过程全方位应用。因此，对这一问题可以采用二维施工图与三维 BIM 模型两套成果同时交付的方法解决，即在设计单位与建设单位签订设计任务书时，明确两套交付成果——传统二维施工图和 BIM 三维模型。任务书中明确约定 BIM 三维模型拟实现的功能和附加信息，对于超出道路设计行业平均能力范围的 BIM 功能，双方协商解决。这一解决方案是在 BIM 技术还不够成熟的阶段采取的一种权宜方案，也是在市政行业推行 BIM 的必然举措。

2. 效率问题更显著地表现在建筑行业

建筑结构形状和尺寸的明确性有利于其标准化，但同时，建筑结构构件的类型复杂、数量多、三维联系紧密，使用三维正向设计时，必须逐个构件同时进行三向（平、立、侧）设计，三维模型的建立和修改难度远远大于二维投影图的绘制和修改。不同的是，道

路的组成部分相对来说要简单得多，无论构件的类型还是数量均少于建筑构件，平、纵、横三向联系也相对较弱，冲突较少。因此，使用 BIM 正向理念进行道路三维建模的过程完全可以拆分为平面设计、纵断面设计和横断面设计三个过程，从三个二维界面进行三维建模。如此一来，不但大大降低了三维建模的难度，而且与传统设计习惯一致便于设计人员掌握。因此，在道路工程设计中使用 BIM 正向设计理念比建筑工程更具有可行性。

3. 只要采用适当的算法，市政工程构件的非标准问题完全可以用曲面求交线问题来解决

这里可以借鉴装配式建筑的理念，将道路设施构件化，将道路组件模板化。道路设施完全可以看作标准构件。道路组件可以分为标准化组件（路面结构层等）和非标准化组件（边坡、护面墙等）。对非标准化组件可以采用统一的标准计算程序进行边界求解。尽管大大增加了数据计算工作量，对计算机的配置要求也有所提高，但只要模型不是特别巨大，以目前的计算机硬件运算能力还是能满足相应的计算要求的。另外，工程数量的近似性问题不是 BIM 设计阶段才有的，传统二维设计阶段同样存在这一问题。BIM 技术的使用可以加快算量的速度，但不能从根本上改变部分构件算量的近似性。在传统道路工程设计中，这一问题是随着工程建设进展阶段的推进而逐步修正提高的，在道路 BIM 正向设计中，可以继续沿用这种方法。

道路是一个狭长的带状构筑物，其构件和板块相对简单。道路横断面上由路界、排水沟、边坡、路肩、行车道、中分带等依次排列，并沿纵向延伸，这一特点可以保证在正向设计过程中，采用三向可视化或参数化设计时，不会出现构件相互重叠遮挡等设计困难。因此，采用三向可视化或参数化正向设计，对道路工程来说完全可行。

# 第二节　基于 BIM 技术的市政工程信息管理平台及拓展功能开发

## 一、基于 BIM 技术的信息管理平台研发

### （一）管理平台架构设计

信息系统的研制开发是一个长期复杂的过程，因此，必须寻求一个科学有效的研发方法。经过几十年的实践，目前国内外已逐步总结出一些研制开发信息系统的基本原理、方

法和技术。但是，相对而言，信息系统的研制开发仍然是一个新的、薄弱的技术和科学，系统研制开发工作还是十分困难。目前，应用比较广泛的开发方法有生命周期法和系统原型法两种。

### 1. 生命周期法

系统有其发生、发展和消亡的过程。系统从发生到消亡的整个过程称为系统的生命周期。生命周期的概念对控制管理系统的规划、分析、设计和实现是十分重要的。管理系统生命周期的各个阶段，是把一个复杂的发展系统的工作，分解成各个较小的、可以管理的步骤，为系统开发提供了有效的组织管理和控制方法。通常可以将管理系统的开发过程分为四个主要阶段，即系统分析、系统设计、系统实施、系统维护与评价。生命周期法要求系统目标稳定，所要解决的问题事先可严格定义。但是，实际开发一个管理系统时，所面临的任务往往是非结构化或半结构化的，很难事先定义清楚系统的目标，往往需要用户看见并使用过系统后才能提出进一步的要求，因此，生命周期法难以适应管理的动态本性。

### 2. 系统原型法

系统原型法采用"中间开始"的研制手段，系统研制人员与用户所能掌握问题的程度就是项目研制的起始点。在强有力的软件环境支持下，在起始点上很快设计出一个原型交由用户使用，然后根据用户的反馈信息，在原型上逐步修改并完善系统，直至满足要求，最后成为所要开发的信息管理系统。作为信息管理系统的开发方法，系统原型法从原理到流程都是十分简单的，虽然没有任何高深的过程，但是在实际应用中却获得了成功。特别是对半结构化的信息处理，即工作过程没有固定程序，用户很难直接用语言表达的问题，而系统原型法则独具特色。

在开发本系统时，采用了生命周期法和系统原型法相结合的系统开发模式，避免了许多弯路。

## （二）数据库设计

### 1. 数据库特点

计算机的出现，标志着人类开始使用机器来存储和管理数据。随着信息处理的发展，计算机管理数据的方式也发生了变化。在 20 世纪 50 年代，出现了文件管理系统，即以文件方式来管理、处理数据。但是，在数据量较大的系统中，数据之间存在许多相互联系，如果仍然采用文件系统来管理数据，会引起很大的麻烦。因此，在 20 世纪 60 年代就出现了数据库系统。

与文件系统相比，数据库系统具有以下特点：

（1）数据结构化

在文件系统中，文件之间不存在联系。文件内部的数据一般是有结构的，但从数据的整体方面来说是没有结构的。数据库系统也包含许多单独的文件，它们之间相互联系，从整体上服从一定的结构形式，从而更适应管理大量数据的需求。

（2）数据共享

共享是数据库系统的目的，也是数据库系统的重要特点。一个数据库中的数据，不仅可以为同一企业或者组织内部的各部门所共享，还可以被不同国家、地区的用户所共享。

（3）数据独立性

在文件系统中，文件与应用程序相互依赖，一方的改变会影响另一方。数据库系统则力求使依赖性较小，以实现数据的独立性。

（4）可控冗余度

数据专用后，每个用户拥有并使用自己的数据，许多数据就会出现重复，就是所谓的数据冗余。实现共享后，同一数据库中的数据就可以实现集中存储，共同使用，从而易于避免重复，减少和控制数据的冗余及数据冗余为数据管理带来的错误。

基于上述特点，数据库系统在数据处理中得到了很大发展。数据库系统发展经历了网状数据库、层次数据库和关系数据库三个阶段。但是，由于关系型数据库采用了人们习惯使用的表格形式作为存储结构，已成为使用广泛的数据库模型。现在常用的数据库系统产品几乎全是关系型的，如微软的 SQL Server，IBM 的 DB2、Oracle、Sybase、Informix 等。另外，还有小型数据管理的 Access、FoxPro、PowerBuild 等。

2. 数据库设计基础

数据库的设计包括需求分析、概念设计、实现设计和物理设计四个阶段，各个模块的功能主要包括：

（1）需求分析

需求分析的目的是分析系统的需求。需求分析的主要任务是从数据库的所有用户中收集对数据的需求和对数据处理的要求，并将需求写成用户和设计人员都能接受的说明书。

（2）概念设计

概念设计的目的是将需求说明书中关于数据的需求，综合为一个统一的概念模型。首先，根据单个应用的需求，画出能反映每个应用需求的局部 E-R（Enity-Relation，实体-联系）模型；其次，将 E-R 模型图结合起来，消除冗余和可能存在的矛盾，得出系统的总体 E-R 模型。

（3）实现设计

实现设计的目的是将 E-R 模型转换为某一特定的数据管理系统（DBMS）能够接受的逻辑模式。对关系型数据库主要是完成表的关联和结构设计。

（4）物理设计

物理设计的目的在于确定数据库的存储结构。物理设计主要任务包括确定数据文件和索引文件的记录格式和物理结构，选择存取方法，决定访问路径和外存储的分配策略等。不过物理设计的工作大部分由 DBMS 完成，仅有小部分工作由设计人员完成。例如，物理设计应确定字段类型和数据文件的长度。实际上，由于借助 DBMS，物理设计的工作难度比实现设计要容易得多。

程序编制人员需要了解最多的应该是实现设计阶段，因为数据库不管设计好坏，都可以存储数据，但是在存取效率上可能有很大差别。因此，实现设计阶段是决定数据库存取效率的最重要阶段。

## （三）开发平台和环境

### 1..NET 开发平台和 C#语言

.NET 开发平台是 Microsoft 公司为开发应用程序创建的新一代平台。.NET 框架实现了语言开发、代码编译、组件配置、程序运行、对象交互等各个层面的功能，为 Web 服务及普通应用程序提供了一个托管、安全、高效的执行环境。.NET 框架是一个多语言组件开发和执行环境，它提供了一个跨语言的、统一的编程环境。.NET 框架的目的是便于开发人员更容易地建立 Web 应用程序和 Web 服务，使得 Internet 上的各应用程序之间，可以使用 Web 服务进行沟通。从层次结构来看，.NET 框架又包括三个主要组成部分，即公共语言运行库（Common Language Runtime）、服务框架（Services Framework）和上层的两类应用模板——传统的 Windows 应用程序模板（Win Forms）及基于 ASP.NET 的面向 Web 的网络应用程序模板（Web Forms 和 Web Services）。所有在 .NET 平台上创建的应用程序运行都需要 Common Language Runtime（CLR，通用语言运行时）和 .NET Framework 类库两个核心模块。CLR 是一个软件引擎，用来加载应用程序，确认应用程序可以没有错误地运行，并进行相应的安全许可验证，执行完后将应用程序清除。.NET Framework 类库则向程序员提供软件组件来编写在 CLR 的控制下运行的代码。.NET Framework 类库按照单一有序的分级组织提供了一个庞大的功能集，包括从文件系统到对 XML 功能的网络访问的每一样功能。.NET Framework 类库为开发提供了基于 ASP.NET 的 Web 表单应用、基于 ASP.NET 的 Web 服务应用和基于传统 GUI 交互的 Windows 应用三种基本编程模板。

.NET 开发平台与传统的开发平台相比，具有多语言支持、应用的平台独立性、应用的可移植性、所有语言遵从同一种公共协议等优点。所以，本系统采用了.NET 体系作为开发平台，并选用 Visual Studio.NET 作为系统的开发环境。

.NET 平台包括对 C++、C#、Basic、J#等当今较为流行的多种开发语言的支持，考虑到 C#语言是 Microsoft 公司为.NET 平台开发量身打造的语言，具有简洁、高效、方便等特点，系统选择了 C#作为主要开发语言。C#语言读作 C Sharp，是一门简单、现代、优雅、面向对象、类型安全、平台独立的新型组件编程语言。C#语言的语法风格源自 C/C++家族，融合了 Visual Basic 的高效和 VC++的强大，是微软为其下一代平台 Microsoft.Net 平台专门设计的编程语言。

2. SQL Server 数据库平台

SQL（Structured Query Language）是具有数据操纵和数据定义等多种功能的数据库语言，这种语言具有交互性特点，能为用户提供极大的便利，数据库管理系统应充分利用 SQL 语言提高计算机应用系统的工作质量与效率。SQL 语言不仅能独立应用于终端，还可以作为子语言为其他程序设计提供有效助力。在该程序应用中，SQL 语言可与其他程序语言一起优化程序功能，进而为用户提供更多更全面的信息。

在大数据时代，数据库系统的数据类型与规模在不断扩增，这给数据库管理带来了一定的挑战。在社会生产生活中，对于数据库的应用范围逐步增大，提升数据库开发及应用的效率，是保障我国社会生产生活高效运转的关键。

SQL 作为一种操作命令集，以其丰富的功能受到业内人士的广泛欢迎，成为提升数据库操作效率的保障。SQL Server 数据库的应用，能够有效提升数据请求与返回的速度，有效应对复杂任务的处理，是提升工作效率的关键。

由于 SQL Server 数据库管理系统具有较高的数据管理性能，因此，其应用范围非常广，被大量应用于服务器和客户体系结构中。SQL Server 数据库的性质主要在以下几方面体现：系统的吞吐量、响应时间及并行处理能力，发出请求服务器回应的速度，以及不同屏幕之间的切换速度等。

目前，市面上有很多成熟、可靠的数据库产品，如 Oracle、SQL Server、DB2 等，考虑到数据存储的安全、可靠，开发系统运行的稳定、高效，数据库价位的经济、合理，系统采用了 Microsoft 公司的 SQL Server 作为数据存储平台，实现系统与数据库的连接。

SQL Server 数据库还提供了可使用 Transact-SQL 语言进行编程的环境。Transact-SQL 对使用 Microsoft SQL Server 非常重要。与 SQL Server 通信的所有应用程序都通过向服务器发送 Transact-SQL 语句来进行通信，而与应用程序的用户界面无关，系统通过访问 SQL

Server 数据库调用存储过程或者直接发送 Transact-SQL 命令来进行数据库服务器端的数据操作。

## （四）系统软件架构

现代软件开发主要有 C/S 和 B/S 两种架构形式。C/S 结构，即 Client/Server（客户机/服务器）架构，是大家熟知的软件系统体系结构。其通过将任务合理分配到 Client 端和 Server 端，降低了系统的通信开销，充分利用了两端硬件环境的优势。早期的软件系统多以此作为首选设计标准。B/S 架构即 Browser/Server（浏览器/服务器）结构，是随着 Internet 技术的兴起，对 C/S 架构的一种变化或者改进结构。在这种结构下，用户界面完全通过 Web 浏览器实现，使一部分事务逻辑在前端实现，但是，主要事务逻辑在服务器端实现，形成所谓 3-tier 结构。B/S 架构主要是利用了不断成熟的 Web 浏览器技术，结合浏览器的多种 Script 语言（VBScript、JavaScript 等）和 ActiveX 技术，仅使用通用浏览器就实现了原来需要复杂专用软件才能实现的强大功能。其节约了开发成本，是一种全新的软件系统构造技术。CS 架构可以使用任何通信协议，而 B/S 架构规定必须实现 HTTP 协议；在 CS 架构中，客户端软件是为了完成更多的管理功能而开发，通过它与数据库系统进行数据交换，达到数据管理的目的，将各种计算和数据处理放在客户端执行，而服务器端只进行数据存取。因此，客户端与服务器端交换的完全是纯数据流。在 B/S 架构中，客户端是浏览器，而数据的计算和逻辑处理大部分都在服务器端进行，客户端只是将计算与数据取得的结果呈现。

通过以上信息可以分析出：由于 C/S 架构的信息处理在本地，虽然可以降低服务器端的压力，提升处理速度，但同时由于 C/S 架构需要客户端软件支持，升级和维护比较困难，需要针对不同的环境进行客户端程序开发，成本较大。相反，B/S 架构具有的优势是分布性良好，随时随地通过浏览器就能处理业务；同时维护方便简单，只需要改变服务器端的数据就能实现更新升级；但由于数据处理都在服务器，浏览器只能作为数据的呈现者，从而导致服务器的压力较大，因而，对服务器的要求较高。

因此，系统选择采用 B/S 软件架构。在这种架构的应用程序中，用户的工作界面是通过 Web 浏览器来承载的，客户端无须安装软件，减轻了客户端电脑的负荷，同时，也降低了系统维护与升级的成本和工作量。由于使用统一的 HTML（超文本标记语言）和 JavaScript（脚本语言），这样的应用程序又能很方便地做到跨平台使用，无论是在微软 Windows 平台的 IE 浏览器上、苹果 IOS 平台的 Safari 浏览器上，还是使用安卓系统的手机浏览器上，程序都可以正常运行。B/S 架构的应用程序可以实现不同人员，从不同地点、不同平台，以不同的接入方式访问、操作和共享数据。

## （五）平台关键技术

### 1. Web 三维展示

WebGL（Web Graphics Library）是一种三维绘图协议，这种绘图技术标准允许将 JavaScript 和 OpenGL ES 2.0 结合在一起，通过增加 OpenGL ES 2.0 的一个 JavaScript 绑定，WebGL 可以为 HTML5 Canvas 提供硬件三维加速渲染。这样，Web 开发人员就可以借助系统显卡在浏览器里更流畅地展示三维场景和模型，还能创建复杂的导航和数据视觉化。显然，WebGL 技术标准免去了开发网页专用渲染插件的麻烦，可被用于创建具有复杂三维结构的网站页面，甚至可以用来设计三维网页游戏等。WebGL 最大的特点是：它是浏览器自带的标准，也就是说不需要安装任何插件和组件，不同于 Flash 和 Siverlight，这对它来说是一个很大的优势；WebGL 通过统一的、标准的、跨平台的 OpenGL 接口实现，从而可以利用底层的图形硬件加速功能进行图形渲染。由于 Web 应用程序的跨平台性等优点，系统采用 B/S 架构，如何在 Web 浏览器中展现 BIM 模型是本项目的关键技术之一。

平台中隧道的三维模型，是先通过 Revit 软件进行建模，然后利用自己开发的插件导出生成模型文件，再将模型文件上传至服务器。平台在服务器端对模型文件进行解析，提取出每一个管理单元（到构件级别）的几何、材质及附带的其他属性信息（如体积、支护类型等），并将这些信息存储进数据库。实现了当某一个功能的系统模块需要三维展示隧道的某一个或多个构件时，客户端会去服务器的数据库中调取这些构件的几何和材质信息加载进浏览器，并通过基于 WebGL 的脚本程序来进行渲染和交互。当对模型进行了修改，并再次上传至服务器时，数据库中对应的信息就会进行更新。当下一次客户端再来取数据时，得到的就是更新过的数据。这样，就只须在服务器端维护一个模型，很好地贯彻了 BIM 概念中"一个模型"的中心思想。

### 2. 模型缓存

隧道 BIM 模型文件尺寸较大，Web 架构应用程序很大程度上会受到网络速度的制约，系统响应速度慢将会严重影响用户的体验。由于平台侧重隧道的后期运营养护，BIM 模型的变更很少，因此，本平台在模型加载方面使用了缓存技术，以期快速响应用户三维显示的需求。

Web 缓存是指一个 Web 资源（如 HTML 页面、图片、JS、数据等）存于 Web 服务器和客户端（浏览器）之间的副本。缓存会根据进来的请求保存输出内容的副本。当下一个请求来到的时候，如果是相同的 URL，缓存会根据缓存机制决定是直接使用副本响应访问请求，还是向源服务器再次发送请求。

在系统中，可以对隧道的结构菜单和模型构件实现缓存，这样用户只需要在线加载一次模型，以后再次请求模型时，系统将去本地缓存中加载模型构件，完全避免了网络请求所带来的等待，可以极大地优化用户的使用体验。

## 二、基于 BIM 技术的信息管理平台运营与养护拓展功能开发应用

随着人们对大型市政工程安全性和耐久性的重视，高效而准确的管理成为运营期的关键技术。其中，又以市政隧道工程最为特殊，其为长跨度、线性扁平状建筑物，受工程地质和水文地质的影响较大，且与城市生存生活关系密切。对于工程建设阶段的信息化管控及建成之后的运营及养护管理，不但可以提高管理效率，提高精度、减少错误，更能提高突发事故处理效能，提升灾害应对能力，改善周边道路环境，对社会和国民经济产生显著效益。

### （一）三维展示模块

在隧道工程中，如何快速地定位到所关注的隧洞体，如何直观地了解隧道的结构及附属管线、机电设备的相对位置，对提高隧道的运营管理效率非常重要。

基于 BIM 的隧洞模型对隧道的运营管理是一个信息模型基础，通过模型的建立和相关信息的输入，可以快速了解隧道的整体构造情况，为运营管理带来更多便捷。

该模块能结合卫星地图将所有运维管理涉及的对象以三维的形式展现在网页中，使管理者在工作中快速掌握隧道设计及周边情况，满足从宏观管理到精细化管理的需求。

### （二）进度展示模块

该平台可以将三维构件划分到不同的树形菜单节点中去，然后对每个树形菜单节点创建进度信息，实现甘特图（Gantt Chart）（横道图、条状图）功能，从而实现在三维场景中根据进度信息加载和显示模型的目的。系统可以根据节点进度信息，对节点下的三维构件实现不同效果的展示（实体、透明、隐藏）。当用户将鼠标移动到某一个构件上时，可以显示该构件的建筑开始时间、计划时长，以及目前的施工进度等信息。

### （三）养护与定期检查模块

根据《公路隧道养护技术规范》中的要求，隧道定期检查包括土建结构定期检查、机电设施定期检查和其他工程设施定期检查。隧道土建结构检查项目包含洞口、洞门、衬

砌、路面、检修道、排水系统等。机电设施定期检查包含隧道工程所有机电设备及线路的检查等。其他工程设施定期检查包含电缆沟、设备洞室、洞口联络通道、洞口限高门架、洞口绿化、消声设施等。检查方法以目测或量测为主，辅助必要的检查工具和设备。检查时应尽量靠近结构，对发现的病害进行有效标识并记录、拍照存档。

## (四) 评价标准

系统根据《公路隧道养护技术规范》，将土建结构和其他工程设施的 20 种结构类型共 80 种技术状况描述录入数据库，使得管理者在录入定检记录时，可以通过下拉菜单来选择相应的技术状况，完全做到与规范一致。同时考虑到规范的指导性作用，系统还允许用户自定义技术状况，使得用户自己可以根据实际情况对规范进行扩充，如增加技术状况描述或者增加新的结构类型。

# 第三章　市政给排水工程规划

## 第一节　给水工程规划

人类生活、生产离不开水，水的获取、供应、使用和处理自古是城市、乡镇首要的基础条件。位于中国杭州地区的良渚文化早在公元前3500—前2300年已经大规模兴修堤坝、渠道、水闸等调水工程。古罗马时期为城市取水所修建的高架引水渠道沿用至近代。

给水工程是城市基础性的市政工程。给水工程规划的科学合理性直接影响城市发展。北京、天津等北方大型城市长期缺水和超采地下水直接威胁国计民生。21世纪国家建设的南水北调工程，作为国家层面综合性给水工程规划的成果，缓解了中国北方地区给水紧张的情况。

### 一、给水工程系统的组成及形式

#### （一）给水工程系统的组成

给水工程按照其工艺过程分为三部分：取水工程、净水工程和输配水工程。

取水工程主要是指合适的天然水源的选择和进行取水、集水、处理水的市政工程设施。城市给水水源根据来源不同主要分为地表水和地下水。

净水工程是针对不同原水水质和不同用户对于用水水质需求的差异，所采用的水处理方法和为此而建设的水处理市政工程设施。

输配水工程是将水由净水工程输送至用户的管道、沟渠及相应的泵站、阀门、调节构筑物等市政工程设施。输水工程要确保安全、可靠和经济。输水工程的建设费用占城市给水工程总投资的50%~80%。

## （二）给水系统的形式

城市规划中，根据城市总体规划、水源情况和当地自然条件、水质要求等，给水系统有如下八种形式：

### 1. 统一给水形式

城市生活、生产、消防等所有用水统一按照生活饮用水水质标准处理，给水管网统一供给不同用户的给水形式。这种形式适用于用户较为集中，一般不须长距离转输水量，各用户对水质、水压要求相差不大，地形起伏变化不大的情况。

### 2. 分质给水形式

从水源地取水后，按照不同水质标准进行净化处理，用不同的管网分别将不同水质的水供给各用户的给水形式。此形式适用于城市不同水质差别较大，而对于不同水质的需求量较为接近的情况。此形式便于采用不同水质水源，节省净水设施投资，可节约大量高品质水。但管网系统相应增多，建设投资增加，管理较复杂。

### 3. 分区给水形式

城市因地形限制或分区要求，给水系统分为独立的数个区域，每个子区域均相对独立地建立管网、调压设施，分别服务于不同的城市区域的给水形式。当城市用水量较大，城市面积辽阔或延伸很长，或城市被河流山川等自然地形分成若干部分，或需要单独计量，或为功能分区比较明确时，可采用分区给水形式。出于保证供水安全和调度的灵活性考虑，有时各子系统间保持适当联系。这种系统的优点是可节约动力运行费用和管网投资，但缺点是管理比较分散，不利于应急性调度。

### 4. 分压给水形式

城市因地形限制高程差别较大，需要采取数个调压设施在不同高程地区分别保持不同水头的供水形式。这种形式适用于山区或丘陵地区的城市。这种形式的优点是减少因采用高压管道和设备所需的初投资，并且各分区间可以分期建设；能减少动力费用，降低相对低洼区域管网压力，增加供水安全性。主要缺点是所需管理人员和设备比较多。

### 5. 中水给水形式

城市工业、园林绿化、市政等用户对水质要求较低。某些相对洁净的生产、生活废水，经过简易处理或不经处理，可以供其使用，这种给水形式称为中水给水。它是城市节约用水的有效途径之一。缺点是需要增加水处理设施和单独的管网系统。

### 6. 循环给水形式

工业区某些工业废水如冷却水等使用后水质变化不大，而经冷却降温或其他简单处理后，能够再次循环用于生产，这种给水系统称为循环给水形式。循环给水系统主要供水设施的作用是补充循环过程中所损失的水量，其供水量为循环用水总量的 3%~8%。

### 7. 复用给水形式

根据不同的用水品质要求，通过对上一级高品质用水弃水进行简单处理后，作为下一级低品质的用水，形成梯次重复用水，从而达到节水的目的。

### 8. 区域给水形式

随着社会发展，城市规模逐渐扩展，传统农乡逐步城市化，城市间的分割和界限逐渐消失，城市间距离越来越小。在这种情况下，主要采用地表水，尤其是采用河流作为水源的城市，很难分清水源地与排污口的上下游问题。因此，需要区域统筹将水源设在一系列城市或工业区的上游，统一取水，然后分配给沿河各城市或工业区使用；或者区域整体规划布局水源地和污水排放地。这种从区域统一的角度考虑建设的给水系统称为区域给水形式。

## 二、给水工程规划的主要内容与深度

### （一）给水工程系统总体规划内容

#### 1. 给水工程系统总体规划的主要内容

确定用水量标准，预测城市总用水量；平衡供需水量，选择水源，确定取水方式和位置；确定给水系统的形式、水厂供水能力和厂址，选择处理工艺；布局输配水干管、输水管网和供水重要设施，估算干管管径；确定水源地卫生防护措施；设置应急水源和备用水源。

#### 2. 给水工程系统总体规划成果

城市给水系统现状图主要反映城市给水设施的布局和干线管网布局的情况；城市给水系统规划图主要反映规划期末城市给水水源、给水设施的位置、规模，输配水干线管网布置、管径。

## （二）给水工程系统分区规划内容

**1. 给水工程系统分区规划的主要内容**

估算分区用水量；进一步确定供水设施规模，确定主要设施位置和用地范围；落实或修正补充总体规划中供水管网的走向、位置、线路，估算控制管径。

**2. 给水工程系统分区规划成果**

分区给水系统现状图；分区给水系统规划图；必要的附图。

## （三）给水工程系统详细规划内容

**1. 给水工程系统详细规划的主要内容**

计算用水量，提出对水质水压的要求；布局给水设施和给水管网；计算输配水管管径，校核配水管网水量及水压；选择管材；进行造价估算。

**2. 给水工程系统详细规划成果**

给水系统规划图。图中标明给水设施位置、规模、用地，给水管道的平面位置、管径、主要控制点标高；必要的附图。

# 三、给水工程规划的步骤及要求

根据《给水工程规划规范》，给水工程规划的内容包括：确定用水量标准，预测与计算城市总用水量，进行区域水资源与城市用水量之间的供需平衡分析；研究各种用户对水量和水质的要求，合理地选择水源，提出水源保护及其开源节流的要求和措施；确定水厂位置和净化方法；确定给水系统组成；布置城市输水管道及给水管网；给水系统方案比较，论证各方案的优缺点，估算工程造价和年运营费，选定规划方案。

给水工程规划通常按下列步骤进行：

## （一）明确规划任务的内容、范围

收集主管部门项目任务书，有关方针政策性文件；大型给水工程应有"水资源报告书"，环境影响评价报告书及批复文件，其他依据法律法规出具的批复文件或评价报告等文件；与其他部门分工协议等。

## （二）搜集调查基础资料和现场踏勘

基础资料主要包括城市总体规划文件、城市分区规划和详细规划，新近地形图，城市近远期发展规划，人口分布；建筑高度和卫生设备标准，现有给水设备概况资料，用水人数、用水量、现有设备、供水状况等；工程勘察报告、气象、水文及水文地质、工程地质资料；城市对水量、水质、水压的要求，采用的主要规范和标准等。

制订给水工程规划设计方案。拟订几个方案，绘制给水系统规划方案图，估算工程造价，对几个方案进行技术经济比较，从中选出最佳方案。

### （三）撰写给水工程规划说明书，绘制城市给水系统规划图

规划图应包括给水水源和取水位置、水厂厂址、泵站位置，以及输水管（渠）和管网的布置等。说明书内容应包括规划项目的性质、建设规模、方案构思的优缺点、设计依据、工程造价、所需主要设备材料及能源消耗等。

## 四、城市用水分类

预测城市总用水量时，根据用水目的不同，以及对水质、水量和水压的不同要求，将城市用水分为以下几类。

生活用水：包括居住区居民生活用水、工业企业职工生活用水、服务业用水及全市性公共建筑用水等。生活用水水质应无色、无味，不含致病菌或病毒和有害健康的物质，符合《生活饮用水卫生标准》。生活用水管网上的最小水头应根据城市多数建筑层数确定，一般应符合《室外给水设计规范》的规定。

生产用水：主要是指工业的生产用水，包括冷却用水，例如高炉和炼钢炉、机器设备、润滑油和空气的冷却用水；生产蒸汽和冷凝用水，例如锅炉和冷凝器的用水；生产过程用水，例如纺织厂和造纸厂的洗涤、净化、印染等用水；食品工业加工食品用水；交通运输用水，如机车和船舶用水等。由于生产工艺过程的多样性和复杂性，生产用水对水质和水量要求的标准并不一致。在确定生产用水的各项指标时，应收集工业工艺资料，以确定其对水量、水质、水压的要求。

市政用水：市政用水包括市政清洁、环保用水和景观绿化用水等。

应急用水：以消防用水为主，是市政道路消火栓和室内消火栓用水。因应急用水具有非经常性特点，系统一般可与生活用水系统合并，以减少投资和管理运行成本。

管网渗漏用水量：给水管网运行时渗漏消耗的水量。

水厂自身用水量：净水厂运行消耗的水量。

不可预见水量：在规划设计时难以预见的用水量。

## 五、用水量指标

用水量指标是城市规划期内不同用水者单位人口或单位用地面积或单位产值或单位产品等在单位时间内所消耗的水量。它是给水工程规划设计中的一项基本数据，是计算城市用水量的基础。

城市用水量指标应根据城市的地理位置、水资源状况、城市性质和规模、产业结构、国民经济发展和居民生活水平、工业用水重复利用率等因素，在一定时期用水量和现状用水量调查的基础上，结合节水要求，综合分析确定。

1. 单位人口用水量指标

单位人口用水量指标是根据城市总体规划所确定的人口规模而采用的万人每天平均用水量标准，它分为城市综合用水量指标和人均用水量指标。

2. 单位面积用水量指标

单位建设用地面积用水量指标是根据用地性质不同而确定的相应日用水量指标，是最高日用水量指标。

3. 单位产品、单位设备、万元产值用水量指标

单位产品、单位设备、万元产值用水量指标主要适用于工业企业，由于生产门类、生产性质、生产设备和工艺、管理水平等不同，工业生产用水量的差异很大。在一般情况下，工业生产用水量指标应由工业企业提供。

4. 消防用水量指标

消防用水量是按城镇中同一时间发生的火灾起数及一起火灾灭火的用水量确定。其用水量指标主要取决于城市规模、建筑物耐火等级、火灾危险性类别等因素。消防用水量应参照《消防给水及消火栓系统技术规范》的有关规定执行。

5. 不可预见用水量估算

根据《室外给水设计标准》规定，城镇配水管网渗漏损失水量宜按综合生活用水量（包括居民生活用水和公共建筑用水）、工业企业用水量和市政用水量之和的10%计算，当单位管长供水量小或供水压力高时可适当增加。不可预见用水量应根据水量预测时难以预见因素的程度确定，宜采用综合生活用水量（包括居民生活用水和公共建筑用水）、工业企业用水量、市政用水量和管网漏损水量之和的8%~12%计算。

## 六、城市用水量预测

城市用水量预测与计算是根据现有的城市用水资料，测算城市未来限定时段内的可能用水量。一般以城市总体规划为基础，以现有的城市用水资料为依据，以今后用水趋势、经济发展、人口变化、水资源情况、政策导向等为条件，综合考虑各种影响因素，利用一定方法求出未来一定期限的用水量。因影响因素多样，各种预测计算方法各有侧重，因此，预测结果可能与城市发展实际存在一定差距。实际工作中将多种方法所得结果相互校核，以提高预测的准确性。

城市用水量预测的时限一般与规划年限相一致，有近期（5年左右）和中远期（15～20年）之分。在可能的情况下，应提出远景规划设想，对未来城市用水量做出预测，以便对城市发展规划、产业结构、水资源利用与开发、城市基础设施建设等提出要求。

## 七、水源的选择

城市给水水源分为地表水源和地下水源。

地表水源包括江河水、湖泊水、水库水及海水等。地表水受各种地面因素的影响较大，通常表现出与地下水相反的特点，例如，地表水的浑浊度与水温变化幅度都较大，水易受到污染，但矿化度、硬度较低，含铁量及其他物质较少，径流量一般较大，季节变化性较强。

地下水源有深层、浅层两种，包括上层滞水、潜水、承压水等。一般来说，地下水经过地层过滤且受地面气候及其他因素的影响较小，因此，它具有无杂质、无色、水温变化幅度小、不易受到污染等优点。但是，由于受到埋藏与补给条件，地表蒸发及流经地层的岩性等因素的影响，地下水通常比地表水径流量小，水的矿化度和硬度较高。

随着环境变化、人类活动的扩展，传统的水质稳定的地下水也会受到各种污染威胁。城市给水工程规划时，必须对备选水源进行调研，进行水资源勘测和水质分析，进行水源地经济技术综合评价。

## 八、取水工程

取水工程是给水工程系统的重要组成部分。取水构筑物的作用是从水源获取、收集所需要的水量。在城市规划中，要根据水源条件确定取水构筑物的位置、取水量，并考虑取水构筑物可能采用的形式等。

## （一） 地下水取水构筑物

地下水取水构筑物的位置选择与水文地质条件、用水需求、规划期限、城市布局等都有关系。在选择时应考虑以下因素：取水点要求水量充沛、水质良好，应设于补给条件好、渗透性强、卫生环境良好的地段；取水点的布置与给水系统的总体布局相统一，力求降低取、输水电耗和取水井及输水管的造价；取水点有良好的水文、工程地质、卫生防护条件，以便开发、施工和管理；取水点应设在城镇和工矿企业的地下径流上游，取水井尽可能垂直于地下水流向布置；尽可能靠近主要的用水地区；尽量避开地震区、地质灾害区和矿产采空区。

由于地下水的埋藏深度、含水层性质不同，开采和取集地下水的方法和取水构筑物形式也不相同，主要有管井、大口井、辐射井、渗渠及复合井、引泉构筑物等，其中，管井和大口井最为常见。

## （二） 地表水取水构筑物

地表水取水构筑物位置的选择对取水的水质、水量、安全可靠性、投资、施工、运行管理及河流的综合利用都有影响。所以，选择地表水取水构筑物位置时，应根据地表水源的水文、地质、地形、卫生、水力等条件综合考虑，并符合以下基本要求：

（1）选择在水量充沛、水质较好的地点，宜位于城市和工业的上游清洁河段，避开河流中回流区和死水区。潮汐河道取水口应避免海水倒灌的影响；水库的取水口应在水库淤积范围以外，靠近大坝；湖泊取水口应选在近湖泊出口处，离开支流汇入口，且须避开藻类集中滋生区；海水取水口应设在海湾内风浪较小的地区，注意防止风浪和泥沙淤积。

（2）具有稳定的河床和河岸，靠近主流，有足够的水源，水深一般不小于2.5m。弯曲河段上，宜设在河流的凹岸，避开凹岸主流的顶冲点；顺直的河段上，宜设在河床稳定、水深流急、主流靠岸的窄河段处。取水口不宜放在入海的河口地段和支流与主流的汇入口处。

（3）具有良好的地质、地形及施工条件。取水构筑物应建造在地质条件好、承载力大的地基上，避开断层、滑坡、冲积层、流沙、风化严重和岩溶发育地段。考虑施工时的交通运输和施工场地条件。

（4）应与城市规划和工业布局相适应，全面考虑整个给水排水系统的合理布置。应尽可能靠近主要用水地区，以减少投资。输水管的敷设应尽量减少穿过天然（河流、谷地等）或人工（铁路、公路等）障碍物。

（5）应与河流的综合利用相适应。取水构筑物不应妨碍航运和排洪，并且符合灌溉、水力发电、航运、排洪、河湖整治等部门的要求。

（6）取水构筑物的设计最高水位应按100年一遇频率确定。地表水取水构筑物，按建筑形式可分为固定式和活动式。选择时，应在保证取水安全可靠的前提下，根据取水量和水质要求，结合河床地形、水流情况、施工条件等，进行技术经济比较确定。

江河取水构筑物的防洪标准不应低于城市防洪标准，其设计洪水重现期不得低于100年。水库取水构筑物的防洪标准应与水库大坝等主要建筑物的防洪标准相同，并应采用设计和校核两级标准。

## （三）水源保护

城市的供水水源一旦遭到破坏，很难在短期内恢复。所以，在开发利用水源时，应做到利用与保护结合，城市规划中必须明确保护措施。

为了更好地保护水环境，应根据不同水质的使用功能，划分水体功能区，从而实施不同的水污染控制标准和保护指标。城市规划必须结合水体功能分区进行城市布局。

### 1. 地表水源卫生防护

在饮用水地表水源取水口附近，划定一定水域或陆域作为饮用水地表水源一级保护区。水质标准不低于《地表水环境质量标准》的Ⅱ类标准。在一级保护区外划定一定的水域或陆域为二级保护区，其水质不低于Ⅲ类标准。根据需要，可在二级保护区外划定一定的水域或陆域为准保护区。依照《饮用水水源保护区污染防治管理规定》，各级保护区的卫生防护规定如下：

一级保护区内禁止新建、扩建与供水设施和保护水源无关的建设项目；禁止向水域排放污水，已设置的排污口必须拆除；不得设置与供水需要无关的码头，禁止停靠船舶；禁止堆置和存放工业废渣、城市垃圾、粪便和其他废弃物；禁止设置油库；禁止从事种植、放养禽畜和网箱养殖活动；禁止可能污染水源的旅游活动和其他活动。

二级保护区内禁止新建、改建、扩建排放污染物的建设项目；原有排污口依法拆除或者关闭；禁止设立装卸垃圾、粪便、油类和有毒物品的码头。

准保护区内禁止新建、扩建对水体污染严重的建设项目；改建建设项目，不得增加排污量。

排放污水时应符合《污水综合排放标准》《地表水环境质量标准》的有关要求，以保证取水点的水质符合饮用水水源水质要求。

水厂生产区的范围应明确划定，并设立明显标志，在生产区外围不小于10m范围内不得设立生活居住区和修建禽畜饲养场、渗水厕所、渗水坑；不得堆放垃圾、粪便、废渣或铺设污水渠道；应保持良好的卫生状况，并充分绿化。

单独设立的泵站、沉淀池和清水池外围不小于 10m 范围内，其卫生要求与水厂生产区相同。

2. 地下水源的卫生防护

地下水源的卫生防护范围与取水构筑物的形式及其影响半径或影响区域有密切关系。不同岩层种类，影响半径不同。当取水层在水井影响半径内不露出地面或取水层与地面水没有相互补充关系时，可根据具体情况设置较小的防护范围。

根据《饮用水水源保护区污染防治管理规定》，饮水地下水源保护区分为三级。一级保护区位于开采井的周围，其作用是保证集水有一定滞后时间，以防止一般病原菌的污染。直接影响开采井水质的补给区地段，必要时也可划为一级保护区。二级保护区位于一级保护区外，以保证集水有足够的滞后时间，以防止病原菌以外的其他污染。准保护区位于二级保护区外的主要补给区，以保护水源地的补给水量和水质。各级保护区的卫生防护规定如下：

（1）水源保护区：统一规定饮用水地下水源各级保护区及准保护区内均禁止利用渗坑、渗井、裂隙、溶洞等排放污水和其他有害废弃物；禁止利用透水层孔隙、裂隙、溶洞及废弃矿坑储存石油、天然气、放射性物质、有毒有害化工原料、农药等。实行人工回灌地下水时不得污染当地地下水源。

（2）一级保护区内：禁止建设与取水设施无关的建筑物；禁止从事农牧业活动；禁止倾倒、堆放工业废渣及城市垃圾、粪便和其他有害废弃物；禁止输送污水的渠道、管道及输油管道通过本区；禁止建设油库；禁止建立墓地。

（3）二级保护区内：对于潜水含水层地下水水源地，禁止建设化工、电镀、皮革、造纸、制浆、冶炼、放射性、印染、染料、炼焦、炼油及其他有严重污染的企业，已建成的要限期治理，转产或搬迁；禁止设置城市垃圾、粪便和易溶、有毒有害废弃物堆放场和转运站，已有的上述场站要限期搬迁；禁止利用未经净化的污水灌溉农田，已有的污灌农田要限期改用清水灌溉；化工原料、矿物油类及有毒有害矿产品的堆放场所必须有防雨、防渗措施。对于承压含水层地下水水源地，禁止承压水和潜水的混合开采，做好潜水的止水措施。

（4）准保护区：准保护区内禁止建设城市垃圾、粪便和易溶、有毒有害废弃物的堆放场站，因特殊需要设立转运站的，必须经有关部门批准，并采取防渗漏措施；当补给源为地表水体时，该地表水体水质不应低于《地表水环境质量标准》Ⅲ类标准；不得使用不符合《农田灌溉水质标准》的污水进行灌溉，合理使用化肥；保护水源林，禁止毁林开荒，禁止非更新砍伐水源林。

（5）水厂生产区：在水厂生产区的范围内，应按地下水厂生产区的要求执行。

# 九、给水管网的布置

给水管网是将水从净水厂或取水构筑物输送到用户的管道系统，包括输水管和配水管。输水管是将水由净水设施输送至城市的管道，一般没有中间配水管线。配水管是将水配送至受水用户的管道。

## （一）给水管网规划布置的基本要求

### 1. 管网技术要求

管网应布置在整个给水区域内，保证用户充足的水量和稳定的水压。

### 2. 管网运行安全要求

正常工作或在局部管网发生故障时，应保证不中断供水。给水管网输水管不宜少于两根，当其中一根管线发生事故时，另一根管线的事故给水量不应小于正常给水量的70%。

### 3. 投资运行经济性要求

定线时应选用短捷的线路，便于施工与管理。

## （二）给水管网配水管的布置形式

给水管网配水管的布置形式，根据城市规划、用户分布及对用水要求等，分为树枝状管网和环状管网，也可根据不同情况混合布置。

### 1. 树枝状管网

干管与支管的布置采取支状布置。优点是投资少，施工运行简单。缺点是管路中间故障会导致下游各段全部断水；支管终端由于流动量小，易造成"死水"，导致水质恶化。

用水量不大、用户分散的地区适合采用树枝状管网布置形式，或在城市建设初期先用树枝状管网，再根据城市发展规划逐渐建设形成环状管网。

一般的居民小区或街坊，由街道中的配水干管引入给水接口。街坊内部的管网布置，通常根据建筑群的布置组成树枝状。

### 2. 环状管网

供水干管间用联络管互相连通起来，形成许多闭合的环，优点是环状管网中每条管都有两个方向来水，因此供水安全可靠。一般大中城市的给水系统安全性要求较高，因此都采用环状管网。环状管网还可降低管网中的水头损失，节省动力，减小管径。另外，环状管网还能减轻管内水锤的威胁，有利管网的安全。

环网的缺点是管线较长，投资较大。实际工作中，为了发挥给水管网的输配水能力，在考虑给水管网一定安全保证率的同时，兼顾经济性，通常采用树枝状与环状相结合的管网。例如，主要城区采用环状管网，周边偏远区域采用树枝状管网。

### （三）给水管网的布置原则

在给水管网中，由于各管线所起的作用不同，其可分为干管、支管、配水管和接户管等。

干管的主要作用是输水至城市各用水地区，直径在100mm以上，大城市为200mm以上。城市给水网的布置和计算，通常只限于干管。

支管是把干管输送来的水量送到分配管网的管道，适用于面积大、供水管网层次多的城区。

配水管是把干管或支管输送来的水量送到接户管和消火栓的管道。配水管的管径由消防流量决定，一般不进行计算。为保证在火灾抢救时水压稳定，配水管最小管径：环状给水管网为150mm，树枝状管网为200mm。

接户管又称进水管，是连接配水管与用户的管道。

干管的布置通常按下列原则进行：

（1）干管布置的主要方向应按供水主要流向延伸，而供水流向取决于最大用水户或泵站等调节构筑物的位置，因此，干管的布置要使水流沿最短的路径到达用水量大的主要用户。

（2）为保证供水可靠性，按照主要流向布置几条平行的干管，并用连通管连接干管。干管间距视供水区的大小、供水情况而不同，为500~800m。

（3）沿规划道路布置，但尽量避免在重要道路下敷设。管线在道路下的平面位置和高程，应符合《城市工程管线综合规划规范》的规定。

（4）应尽可能布置在高程相对较高的区域，以保证配水管中有足够的压力满足用户需要。

（5）干管的布置应考虑城市发展和分期建设的要求，留有余地。

（6）配水管网管径宜按近期、远期给水规模进行管网平差计算确定。

（7）自备水源或非常规水源给水系统严禁与公共给水系统连接。

### （四）管网的自由水头

自由水头是指配水管中的压力相对于室外地面的水柱高度。为了保证无加压设备的建筑物的最高用水点的供水量和供取水龙头的放水压力，管网要具有一定的自由水头。

管网自由水头的数值取决于建筑物的高度，在生活饮用水管网中一般规定：一层建筑为 10m，二层建筑为 12m，三层以上每增加一层增加 4m 计算。城市高层建筑物，需要自设加压设备，管网压力不予考虑。

# 第二节　排水工程规划

## 一、排水工程规划基础

自古以来排水系统就是城市建设的必备设施。考古发现中国早在商周时期的城市就已采用陶制管道进行有组织排水。排水对于城市的意义是非常重大的。

城市排水工程是汇集、输送、处理和利用城市生活、生产污废水和自然降水的城市市政工程。而排水工程规划是城市最基本的市政工程规划之一，它对排水系统进行全面统一安排和布局。城市排水工程规划目标是保护城市环境免受污染，保障人类健康，以促使城市生活和生产的长期可持续发展。

随着社会发展，城市有组织地排放污废水，有区别地进行污废水处理，增加水在城市中的循环利用，提高水资源深度保护和持续利用成为当前排水工程的发展方向。

排水工程不仅是城市建设的组成部分，而且具有管线深埋地下长期不易调整的特点，因此，与城市总体规划尤其是中长期规划相协调十分重要。

### （一）城市排水来源及其特点

城市排水按照其来源和性质主要分为三类，即生活污水、工业废水和雨水。

1. 生活污水

生活污水是居民生活和城市公共服务中所产生的污水，包括居民家庭的污水和机关、学校、商店、公共场所、医院等处排出的水。这类污水中含有较多的有机杂质，并带有病原微生物和细菌等。

2. 工业废水

工业废水是指工业厂区生产过程中所产生的废水，包括工厂生产工艺排水、设备冲洗排水、工业区生活污水、露天厂区初期雨水和洁净废水等。根据它的污染程度不同，又可分为生产废水和生产污水两种。

生产废水是指水质经过生产过程变化不大，可循环使用或不需要处理可直接排放的水，如冷却水等。

生产污水是指经过生产过程水质污染严重，需要经处理后方可排放的废水。生产污水水质随生产工艺的不同差别很大，处理难度较大。

3. 雨水

雨水是降水，它形成的地表径流称雨水径流。雨水的水质与空气污染情况和流经的地表污染情况有关。初期雨水一般因地表的原有污染物残留较多而形成污染物较多的径流。而随着雨水径流带走污染物，后期雨水径流变得较为清澈。当雨量非常大的时候，雨水径流冲刷地表夹带泥沙，使雨水径流浑浊。雨水径流相对于其他污废水有着集中、量大的特点，暴雨径流还易引发洪水，造成灾害。

市政排水规划要结合城市总体规划，从排水水质控制处理、深度利用、灾害防治等角度，对城市排水管网、处理构筑物、防灾减排、积储利用等工程进行短期和中远期规划设计。

## （二）排水工程规划的内容

1. 城市排水总体规划

（1）确定规划目标和规划排水范围。

（2）拟订城市污水、雨水的排除方案。包括确定排水分区、排水体制、排水系统布局、排水设施的处理能力与用地规模、旧设施改造方案、建设进度等。

（3）估算城市排水量。分别估算生活污水量、工业废水量和雨水径流量。生活污水量和工业废水量之和也称为城市总污水量。

（4）确定污水处理与利用的方法。包括确定污水处理厂位置和规模，选择出水口位置，确定污水和初期雨水的处理程度、处理方案、污水再生利用和污泥处理处置要求。

（5）排水工程的经济估算。

2. 城市排水工程分区规划

应以城市排水总体规划为依据进行排水工程分区规划，对区域内排水管网、设施等做进一步设计，反馈对城市排水总体规划修改调整意见，为详细规划和规划管理提供依据。

（1）估算分区的雨、污水量。

（2）按照城市排水总体规划确定的排水体制划分排水系统。

（3）确定排水干管的位置、走向、服务范围、控制管径及主要工程设施的位置和用地范围。

**3. 城市排水工程详细规划**

应以城市排水总体规划和分区规划为依据进行城市污水排水工程详细规划，编制排水系统和设施的规划指标、规模及建设管理等详细规定，为城市专项排水规划提供设计依据。

（1）详细地统计计算城市污水量和雨水量。

（2）确定排水系统的布局、管线走向位置、主要控制点标高，计算复核管径。

（3）提出污水处理工艺初步方案。

（4）提出基建投资估算。

## （三）排水工程规划的步骤

排水工程规划一般按下列步骤进行：

**1. 收集基础资料**

（1）城市总体规划，城市其他单项工程规划，规划范围内各种排水量、水质情况资料。

（2）城市建筑物、构筑物、道路、地下管线现状，绘制排水系统现状图（比例为1/5000～1/10 000）。分析现有问题及薄弱环节。

（3）气象、水文、水文地质、地形、工程地质等资料。

**2. 编制排水工程规划方案、计算排水量并进行分析比较**

设计排水工程规划方案，绘制方案草图，估算工程造价，分析方案的优缺点。规划过程中要编制2~3套方案，进行技术经济比较，选择最佳方案。

**3. 绘制排水工程规划图，编制规划文字说明**

在确定方案的基础上，绘制排水工程规划图，标明城市排水设施的现状，规划的排水分区界线，排水管渠的走向、位置、长度、管径，泵站、闸门的位置，规划污水处理厂的位置、用地范围、出水口位置等。

编写规划说明，如有关规划项目的性质、规划年限、工程建设规模，采用的定额指标，总排水量、各种排水量，排水工程规划原则，城市旧排水设施利用与改造措施，排水体制的选择理由，城市污水处理与利用的途径，工业废水的处置，排水工程的总造价及年经营费用，方案技术经济比较情况，采用该方案的理由，方案的优缺点及尚存在的问题，下一步须进行的工作等，并附规划原始资料。

# 二、城市排水体制、组成、布置形式和系统安全。

## （一）城市排水体制

城市排水体制是对城市生活污水、工业废水和雨水的汇集方式，也称排水制度。城市排水体制基本分为分流制和合流制。

### 1. 分流制排水体制

生活污水、工业废水、雨水用两个以上的排水管渠系统分别来汇集和输送的城市排水系统，称为分流制排水系统。综合生活污水、生产污水的汇集系统称为污水排水系统；自然降水的汇集系统称为雨水排水系统，生产废水的汇集系统也可称为雨水排水系统；工业废水独立汇集系统称为工业废水排水系统。

雨水排水系统根据形式分为管道排水和明沟排水两种方案。管道排水的形式是将雨水管道渠道埋设于路面、地面以下。优点是对交通和城市影响较小，缺点是投资较高，不易更改。明沟排水形式是在道路两侧设置雨水沟渠，以汇集路面雨水。优点是投资较少，易于更改；缺点是对交通和城市影响较大。明沟排水形式适合于城市郊区公路、山区公路等地区。

### 2. 合流制排水体制

生活污水、工业废水和雨水用一个管渠系统汇集输送的排水系统称为合流制排水系统。合流制明显的缺点是污水处理难度大，优点是管网投资少。合流制是老旧城区使用的排水体制。根据《城市排水工程规划规范》的规定，只有干旱地区可以采用合流制排水体制；不具备改造条件的老旧城区可采用截流式合流制排水体制。按照污水、废水、雨水汇集后的处置方式不同，合流制又可分为直泄式合流制排水体制和截流式合流制排水体制两种情况。

（1）直泄式合流制排水体制

管渠系统的布置就近坡向水体，分若干排除口，混合的污水未经处理直接泄入水体，这种形式的排水系统称为直泄式合流制排水系统。直泄式体制缺少污水处理，会对自然环境造成污染。我国许多城市旧城区的排水方式尚采用这种系统，其主要原因是以往城市尚不发达，城市人口密度不高，生活污水和工业废水总量不大，直接泄入水体，依靠水体自洁能力能够满足环境卫生要求。但是，随着现代工业与城市生活的发展，污水量不断增加，水质日趋复杂，所造成的污染危害也日趋严重。因此，这种直泄式合流制排水系统目前在我国已经禁止采用。

（2）截流式合流制排水体制

这种体制是城市的生活污水、工业废水和雨水统一汇集至截流干管，截流干管连接调蓄池继而连接溢流管。晴天时污水量小于截留管流量，全部污水会输送到污水处理厂。雨天时，当雨水、综合生活污水和工业废水的混合水量低于调蓄池水位时，污水雨水会输送至污水处理厂；当混合水位超过调蓄池溢流水位时，其超出部分通过溢流井泄入自然水体。该体制的优点是管网建设投资量小，初期雨水和污水汇集至污水处理厂，可以有效处理初期雨水。但缺点是生活污水和工业废水混合给处理加大了难度，因降雨时污水处理厂来水量短时增加而带来的处理难度增大，雨水较大时溢流造成生活污水和工业废水随溢流水一起排入自然水体，造成水体污染。这种体制适用于没有分流改造条件的旧城区。

综上所述，排水体制的选择应根据城市总体规划、环境保护、当地自然社会经济条件、水体条件、城市污水量和水质情况、城市原有排水设施等情况综合考虑，通过技术经济比较决定。同一城市的不同地区，可视具体条件采用不同的排水体制。

## （二）城市排水系统的组成

### 1. 城市生活污水排水系统组成

城市生活污水排水系统由五个主要部分组成：室内污水管道系统、室外污水管道系统、污水泵站及压力管道、污水处理与利用构筑物、排入水体的出水口。

城市市政排水规划主要研究的是除了室内污水管道系统和庭院街坊污水管道系统以外的系统。

室外污水管道分为支管、干管、主干管及管道系统上的附属构筑物。支管汇集来自庭院街坊污水管道的污水。在排水区界内，常按照分水线划分成几个排水流域。每个排水流域污水由支管汇集至干管，然后汇集至城市的主干管。主干管是汇集两个以上干管污水的管道。市郊干管汇集主干管污水，最终将污水输送至污水处理厂或排放地点。在管道系统中，有检查井、跌水井等附属构筑物。

因地形需要设置提升泵站把污水加压提升。泵站根据设置位置分为局部泵站、中途泵站和终点泵站。泵站后污水管道为压力管道。

在管道中途，一些易于发生故障的部位往往需要设置辅助性出水口，称为事故出水口。当某些部位发生故障、污水不能流通时，借助出水口可排除上游来的污水。例如，在污水泵站之前设置事故出水口，当泵站检修时污水可从事故出水口排出。

污水排入自然水体的渠道和出口，称为出水口。

## 2. 工业废水排除系统组成

合流制中工业废水排入城市污水管道或雨水管道，不单独形成系统。分流制中单独建设工业废水排除系统，其组成包括车间内部管道系统及排水设备，厂区管道系统及附属设备，污水泵站和压力管道，污水处理站（厂）和出水口（渠）等。

## 3. 城市雨水排水系统组成

雨水排水系统主要包括：

（1）房屋雨水管道系统和设备，包括天沟、立管及房屋周围的雨水管沟。

（2）街坊（或厂区）雨水管渠系统，包括雨水口，庭院雨水沟，调蓄设施，雨水支管、干管等。

（3）城市雨水主管渠系统。

（4）泵站。

（5）出水口（渠）。

雨水一般可就近排入水体，无须处理。在地势平坦、区域较大、河流洪水位或海潮位较高的城市，雨水自流排放有困难，应设置雨水泵站排水。

对于截流式合流制排水系统，应设置雨水口等辅助设施，雨水汇入合流制管道中。

## （三）排水工程的布置形式

城市排水系统的平面布置，根据地形、竖向规划、污水处理厂位置、周围水体情况、污水种类和污染情况及污水处理利用的方式、城市水源规划、区域水污染控制规划等因素综合考虑确定。常用的布置形式主要有以下七种：

### 1. 正交式布置

在地势向水体适当倾斜的地区，各排水流域的干管可以最短距离与水体垂直相交的方向设置，称为正交式。这种形式的干管长度短、管径小、污水排出速度大、造价经济。但污水未经处理直接排放，会使水体污染，只在旧城中还存在。城市排水规划中仅应用于排除雨水。

### 2. 截流式布置

在正交式基础上，沿河岸侧再敷设总干管，将各干管的污水汇集送至污水厂，污废水经处理后排入天然水体，这种布置称为截流式。该方式可以减轻初期雨水对水体污染，保护环境，但污水厂面对雨期陡然增加的污废水量在处理上是有难度的。

### 3. 平行式布置

在地势向河流方向倾斜度较大的地区，为了避免因干管坡度过大，造成干管雨水高流速严重冲刷管壁,或管路过多设置跌水井的弊端,可使干管与等高线或河道基本平行敷设,主干管与等高线及河道成小于90°的角度敷设,这种布置方式称为平行布置。

4. 分区式布置

在地势高低相差很大的地区,当污水不能靠重力流流至污水处理厂时,可采用分区布置形式,即分别在高、低区敷设独立的管道系统,高区污水以重力流直接流入污水厂,低区污水则利用水泵抽送至高区干管或污水厂。这种方式只能用于阶梯地形或起伏很大的地区,其优点是能充分利用高区地形排水、节省电力。若将高区污水排至低区,再用水泵一起抽送至污水厂则不经济。

5. 分散式布置

当城市周围有河流时,或城市中央部分地势高,地势向周围倾斜的地区,各排水流域的干管经常采用辐射状分散布置,各排水流域具有独立排水系统。这种布置形式具有干管长度短、管径小、管道埋深浅等优点,但污水厂和泵站的数量将增多。在地势平坦的大城市,采用辐射状分散布置比较有利。

6. 环绕式布置

由于污水厂建造用地不足,以及建造大型污水厂的基建投资和运行管理费用也较小型污水厂经济等,故倾向于建造规模大的污水厂,所以由分散式发展成环绕式。

7. 区域性布置形式

把两个以上城镇地区的污水统一排除或处理的系统,称为区域性布置形式。该形式有利于污水处理设施集中化、大型化和水资源的统一规划管理,节省投资,污水处理厂运行稳定,占地少,是水污染控制和环境保护的发展方向。该形式适用于小城镇密集区及区域水污染控制的地区,并能与区域规划协调,但对于城镇间协调管理有一定要求。

### (四) 排水系统的安全性

排水工程中的厂站不应设置在不良地质地段和洪水淹没区。确实需要在不良地质地段和洪水淹没区设置时,应进行风险评估并采取必要的安全防护措施。

排水管渠出水口应根据受纳水体顶托发生的概率、地区重要性和积水所造成的后果等因素,设置防止倒灌设施或排水泵站。

## 三、污水工程规划

污水工程主要包括污水管道系统和污水处理厂两部分。污水管道系统规划的内容包括确定综合生活污水和工业废水流量、确定排水体制、确定排水布置形式，划分排水流域、污水管道的定线和平面位置，污水管道的水力计算及污水管道在道路上的位置确定等。这是城市污水工程规划的主体。污水厂规划包括选址、用地规模确定及工艺流程的选择等内容。

## （一）城市污水工程范围

根据城市总体规划，编制排水工程规划应首先明确规划范围或区域。

根据《城市规划法》的相关规定，城市规划区包含城市市区、近郊区及城市行政区域内因城市建设和发展需要实行规划控制的区域。在不同区域，规划的目的和重点一般是有区别的：

### 1. 城市建成区

城市规划重点是合理安排和控制城市设施新建改建，对现有用地进行合理调整和再开放。

### 2. 城市远期发展用地

涵盖了建成区以外的独立地段、水源地及防护用地、机场及控制区、风景名胜区等。规划重点是用地和设施有秩序地进行开发建设。

### 3. 城市郊区

因其建设开发与城市发展紧密相关，所以重点是对该区域内城镇和农村居民点用地和建设进行规划控制。

根据城市总体规划及城市发展变化和需要，适时划定排水工程规划范围，是编制排水工程规划的基础。

## （二）污水管道系统的布置

在分流制中，污水系统的布置要确定污水处理厂、出水口、泵站、主要管渠的布置，以及尾水利用。在合流制中，污水系统的布置要确定管渠、泵站、污水处理厂、出水口、溢流井的位置，以及雨水管渠、排洪沟和出水口的位置等。布置管道系统时，都要考虑地形、地物、城市功能分区、污水处理和利用方式、原有排水设施的现状和分期建设等的影响。

### 1. 污水管渠系统平面布置

首先在城市排水规划范围内，根据地形按分水线划分排水流域。通常，流域边界应与分水线相符合。每个排水流域就是在排水范围内由分水线所局限而成的地区。各相邻流域的管道系统能合理分担排水面积，使干管在最大合理埋深情况下，尽量使大部分污水能以自流的方式排水。每个排水流域有一个以上的干管，根据流域也可查找管线走向和需要提升的地区。

接着进行管渠系统平面布置，也称为排水管渠系统的定线。定线工作主要是确定管渠的平面位置和走向。

城市排水总体规划平面布置先确定污水主干管，再确定干管的走向与平面位置。在详细规划中，平面布置确定污水支管的走向及位置。规划有综合管廊的路段，排水管渠宜结合综合管廊统一布置。

在污水管渠系统的布置中，要尽可能用最短的管线，在顺坡的情况下使埋深较小，让最大面积的污水能自流至污水处理厂或水体。

（1）污水管道系统平面布置的原则

城市污水收集、输送应采用管道或暗渠，严禁采用明渠。根据城市地形特点和污水处理厂、出水口的位置，先布置主干管和干管。城市污水主干管和干管是污水管渠系统的主体，它们的布置恰当与否，将影响整个系统的合理性。污水主干管一般布置在排水流域内地势较低的地带，沿集水线或沿河岸等敷设，以便支管、干管的污水能自流接入。污水干管一般沿城市道路布置，通常设置在污水量较大或地下管线较少一侧的人行道、绿化带或慢车道下。当道路红线宽度大于40m时，宜在道路两侧各设一条污水干管，以减少过街管道，利于施工、检修和维护管理。污水管道应尽可能避免穿越河道、铁路、地下建筑或其他障碍物。同时，也要注意减少与其他地下管线交叉。尽可能使污水管道的坡度与地面坡度一致，以减少管道的埋深。排水管渠应以重力流为主，宜顺坡敷设。当受条件限制无法采用重力流或重力流不经济时，排水管道可采用压力流。为节省工程造价及经营管理费用，要尽可能不设或少设中途泵站。管线布置应简捷，要特别注意节约大管道的长度。要避免在平坦地段布置流量小而长度大的管道。因为流量小，保证自净流速所需要的坡度大，而使埋深增加。

（2）城市污水管道系统平面布置的一般形式

污水干管布置的形式按污水干管与等高线的关系分为平行式和正交式两种。平行式布置的特点是污水干管与等高线平行，而主干管则与等高线基本垂直。该形式适用于地形坡度较大的城市，它既减少管道埋深，改善管道的水力条件，又避免采用过多的跌水井。正交式布置适用于地形比较平坦，略向一边倾斜的城市。污水干管与地形等高线基本垂直，而主干管布置在城市较低的一边，与等高线基本平行。

污水支管的布置形式分为低边式、穿坊式和围坊式。低边式布置将污水支管布置在街坊地形较低的一边，这种布置形式的特点是管线较短，在城市规划中采用较多。围坊式布置将污水支管布置在街坊四周，这种布置形式适用于地势平坦的大型街坊。穿坊式的污水支管穿过街坊，而街坊四周不设污水支管。这种布置管线较短，工程造价较低，但只适用于新建街坊。

2. 污水管道的具体位置

（1）污水管道在街道上的位置。污水管道一般沿道路敷设并与道路中心线平行。当道路宽度大于40m，且两侧街坊都需要向支管排水时，常在道路两侧各设一条污水管道。在交通繁忙的道路上应尽量避免污水管道横穿道路。

城市街道下常有多种管道与地下设施。这些管道与地下设施之间，以及与地面建筑之间，应当很好地协调、配合。污水管道与其他地下管道或建筑之间的相互位置，应满足下列要求：

①保证在敷设和检修管道时互不影响。

②污水管道损坏时，不致影响附近建筑物及基础，不致污染给水。

污水管与其他地下管线或建筑设施的水平和垂直最小净距，应根据两者的类型、标高、施工顺序和管道损坏的后果等因素，按管道综合设计确定。

（2）污水管道埋设深度的确定。管道的埋深是指从地面到管道内底的距离。管道的覆土厚度则指从地面到管道外顶的距离。污水管道的埋深对于工程造价和施工影响很大。管道埋深越大，施工越困难，工程造价越高。显然，在满足技术要求的条件下，管道埋深越小越好。但是，管道的覆土厚度有一个最小限值，称为最小覆土厚度，其值取决于下列三个因素：

①寒冷地区，必须防止管内污水冰冻和因土壤冰冻膨胀而损坏管道。生活污水的水温一般较高，而且污水中有机物质分解还会放出一定的热量。在寒冷地区，即使冬季，生活污水的水温一般也在10℃，污水管道内的流水和周围的土壤一般不会冰冻，因而无须将管道埋设在冰冻线以下。

室外排水设计方面的规范规定，没有保温措施的生活污水管道及温度与覆土厚度与此接近的工业废水管道，其内底面可埋设在冰冻线以上0.15m。有保温措施或水温较高的污水管道，其管底在冰冻线以上的标高还可以适当提高。

②必须防止管壁被交通动荷载压坏。为了防止车辆等动荷载损坏管壁，管顶应有足够的覆土厚度。管道的最小覆土厚度与管道的强度、荷载大小及覆土密实程度有关。我国室外排水设计方面的规范规定，污水管道在车行道下的最小覆土厚度不小于0.7m，在非车

行道下的最小覆土厚度不小于0.6m。

③必须满足管道与管道之间的衔接要求。城市污水管道多为重力流，所以管道必须有一定的坡度。在确定下游管道埋深时就应该考虑上游管道的要求。在气候温暖、地势平坦的城市，污水管道最小覆土厚度往往取决于管道之间衔接的要求。

在排水流域内，对管道系统的埋深起控制作用的点称为控制点。各条管道的起端一般是这条管道的控制点。其中，离污水厂或出水口最远最低的点一般是整个排水管道系统的控制点。显然控制点高程决定了整个系统的埋深，也直接影响整个工程造价。

在规划设计中，应设法减小管道控制点的埋深，通常采用的措施包括：①增加管道的强度；②如为防止冰冻，可以加强管道的保温措施；③如为保证最小覆土厚度，可以填土提高地面高程；④必要时设置提升泵站，减少管道的埋深。

污水支管管道的覆土厚度，往往取决于房屋排出管在衔接上的要求。街坊内的污水管道承接房屋排水管，它的起端就受房屋排出管埋深的控制。街坊污水管道又决定了下游与之衔接的街道污水管道的埋深。房屋排水管的最小埋深通常为0.55~0.65m，因此污水支管起端的埋深一般不小0.6m。

在污水管道埋设深度的确定过程中，除考虑管道最小埋深外，还应考虑污水管的最大埋深。管的最大埋深取决于土壤性质、地下水位、管材性质及施工方法等。

（3）污水管道的衔接。为了满足衔接与维护的要求，在污水管中，通常要设置检查井。在检查井中，上下游管道的衔接必须满足两方面的要求：

①要避免在上游管道中形成回水。

②要尽量减少下游管道的埋设深度。

城市污水管道一般都采用管顶平接法。在坡度较大的地段，污水管道可采用阶梯连接或跌水井连接。城市污水管道不论采用何种方法衔接，下游管道的水面和管底都不应高于上游管道的水面和管底。

污水支管与干管交会处，当支管管底高程与干管管底高差较大时，须在支管上设置跌水井，污水经跌落后再接入干管，以保证干管的水力条件。

**3. 城市排水管道系统布置的重点环节**

（1）污水处理厂布置形式：各排水流域自成体系，可单独设污水处理厂和出水口，这种布置形式称为分散布置。分散布置则干管较短，污水回收利用便于接近用户，利于分期实施，但污水厂数量增加。将各流域组合成为一个排水系统，所有污水汇集到一个污水处理厂处理排放，这种布置形式称为集中布置。集中布置通常干管较长，须穿越的天然或人为障碍物较多，但污水厂集中，出水口少，易于管理。

对较大城市，城市空间布局分散，地形变化较大，宜采用分散布置。对中小城市，用地布局集中，地形起伏不大，无天然或人为障碍物阻隔时，宜采用集中布置。实际规划过程中，可按集中、分散或集中与分散相结合的不同方案进行经济技术比较。

（2）污水出水口应设在城市河流的下游，特别应在城市给水系统取水构筑物和河滨浴场的下游，并保持一定距离。出水口应避免设在回水区，防止回水污染。污水处理厂位置应与出水口靠近，以减少排水渠道的长度。污水厂也应设在河流下游，并要求在城市夏季最小频率风向的上风侧，与居民区或公共建筑有一定的卫生防护距离。当采取分散布置，设几个污水厂与出水口时，污水厂位置选择复杂化，可采取一些补救措施：控制设在上游污水厂的排放，将处理后的出水引入灌溉田或生物塘；延长排放渠道长度，将污水引至下游再排放；提高污水处理程度，进行三级处理；增加建设再生水系统；根据《城市排水工程规划规范》要求，新建的污水处理厂应含污水再生系统，再生水可用于城市市政景观、农业、工业等。

（3）污水主干管的位置：主干管通常布置在集水线上或地势较低的街道。若地形向河道倾斜，则主干管常设在沿河的道路下。主干管的走向取决于城市布局和污水处理厂的位置，主干管终端通向污水处理厂，其起端最好是排泄大量工业废水的工厂，管道建成后可立即得到充分利用。在决定主干管具体位置时，应尽量避免减少主干管与河流、铁路等的交叉，避免穿越劣质土壤地区。

（4）泵站的设置：根据污水主干管布置情况综合考虑决定。为保证重力流，排水管道都有一定的坡度，随着距离延长，管道埋置随之加深，造成施工困难，所以不得不中途设置提升泵站来减少管道埋深，但中途泵站的设置不仅增加造价也会增加运行管理费用。

（5）排水管道与竖向设计关系：排水管道布置应与竖向设计相一致。竖向设计时结合土方量计算，应充分考虑城市排水要求。排水管道的流向及在街道上的布置应与街道标高、坡度协调，减少施工难度。

（6）城市废水受纳体的条件：城市废水受纳体即接纳城市雨水和达标排放污水的地域，包括水体和土地。

受纳水体系指天然江、河、湖、海和人工水库、运河等地面水体。污水受纳水体应符合经批准的水域功能类别的环境保护要求，现有水体或引水增容后水体应具有足够的环境容量。雨水受纳水体应有足够的容量或排泄能力。

受纳土地则是指荒地、废地、劣质地、湿地及坑、塘、淀洼等。受纳土地应具有足够的容量，同时不应污染环境、影响城市发展和农业生产。

城市废水受纳体宜在城市规划区范围内或跨区选择，应根据城市性质、规模和城市的地理位置、当地自然条件，结合城市的具体情况，经综合分析比较确定。

## （三）排水管材及管道附属构筑物

### 1. 排水管渠材料及制品

排水管材应具有一定的强度，抗渗性能好，耐腐蚀及良好的水力条件，并应考虑造价低，尽量就地取材。

目前常用的排水管渠主要有混凝土管、钢筋混凝土管、陶土管、砖石渠道、塑料管及铸铁管等。

混凝土管及钢筋混凝土管，制作方便，造价较低，耗费钢材较少，在排水工程中应用极为广泛。但容易被碱性污水侵蚀，管径大时重量大、搬运不便、管道较短、接口较多。

混凝土管为了增加管子的强度，直径大于400mm时，一般做成钢筋混凝土管。

陶土管是用塑性黏土焙烧而成，按使用要求可以做成无釉、单面釉及双面釉的陶土管。带釉的陶土管表面光滑，水流阻力小，不透水性好，并且具有良好的耐磨、抗腐蚀性能，适用于排除腐蚀性工业废水或铺设在地下水侵蚀性较强的地方。管径一般不超过600mm。陶土管的缺点是质脆易碎、抗弯抗拉强度低，因此不宜敷设在松土层或埋深很大的地方。

常用的金属管有排水铸铁管、钢管等。其优点是强度高，抗渗性好，内壁光滑，阻力小，抗压、抗震性好，而且每节管较长，接口少。但价格较贵、抗酸碱腐蚀性较差。适用于压力管道及对抗渗漏要求特别高的管道。如排水泵站的进出水管、穿越其他管道的架空管，穿越铁路、河流的管道等。使用金属管时，必须做好防腐保护层，以防污水和地下水侵蚀损坏。

埋地塑料排水管可采用硬聚氯乙烯管（UPVC管）、聚乙烯管（PE管，包括高密度聚乙烯HDPE管）和玻璃纤维增强塑料夹砂管（RAM管）。塑料材质管材具有管壁光滑、不易结垢，水头损失小，耐腐蚀，重量轻，加工连接方便的优点。但是同时也具有因管材强度低、性能脆而抗外压和冲击性差的不足。硬聚氯乙烯管（UPVC管），管径主要使用范围为225~400mm，承插式橡胶80圈接口。聚乙烯管管径主要使用范围为500~1000mm，承插式橡胶圈接口。玻璃纤维增强塑料夹砂管管径主要使用范围为600~2000mm，承插式橡胶圈接口。

埋地塑料排水管的使用，应根据工程条件、材料力学性能和回填材料压实度，按环刚度复核覆土深度；设置在机动车道下的埋地塑料排水管道不应影响道路质量；埋地塑料排水管是柔性管道，不应采用刚性基础；保证回填土连续性，避免管壁应力变化。

塑料管应直线敷设，当遇到特殊情况须折线敷设时，应采用柔性连接，其允许偏转角为加筋管5°，双壁波纹管7°~9°，并应满足不渗漏的要求。

为了节约钢材，降低排水工程成本，应尽量少用金属管，尽可能采用混凝土管、钢筋混凝土管和塑料管。

输送腐蚀性污水的管渠必须采用耐腐蚀材料，其接口及附属构筑物必须采取相应的防腐蚀措施。

## 2. 排水管渠的附属构筑物

### （1）检查井

为了便于对管渠进行检查和清通，在排水管渠上必须设置检查井。检查井应设置在排水管渠的管径、方向、坡度改变处，管渠交会处及直线管道上每隔一定的距离处。相邻两检查井之间的管渠应成一直线。检查井可分为不下人的浅井和下人的深井。不下人的浅检查井，构造比较简单。下人的深检查井，构造比较复杂，一般设置在埋深较大的管渠上。位于车行道的检查井，应采用具有足够承载力和稳定性良好的井盖与井座。

### （2）跌水井

当检查井上下游管渠的跌水水头为1~2m时，宜设跌水井；跌水水头大于2m时，应设跌水井。管道转弯处不宜设跌水井。跌水井中应有减速防冲及消能设施。目前常用的跌水井有竖管式和矩形竖槽式两种。前者适用于管径等于或小于400mm的管道，后者适用于管径大于400mm的管道。当检查井中上下游管渠跌落差小于1m时，一般只把检查井底部做成斜坡，不做跌水。

竖管式跌水井的一次允许跌落高度因管径大小而异。当管径不大于200mm时，一次跌落高度不宜超过6m；当管径为300~600mm时，一次跌落高度不宜超过4m；当管径大于600mm时，其一次跌水水头高度及跌水方式应按水力计算确定。

### （3）截流井

截流式合流制排水系统中，为了避免降雨初期雨污混合水对水体的污染，通常在合流制管渠的下游设置截流井，以便及时将短时超过进入污水厂管道输水能力的混合水流量排入天然水体。截流井溢流水位，应在设计洪水位或受纳管道设计水位以上，当不能满足要求时，应设置闸门等防倒灌设施。

### （4）雨水口

地面及街道路面上的雨水，由雨水口经过连接管流入排水管道。雨水口一般设置在道路的两侧和广场等地。雨水口多根据道路宽度、纵坡及道路交叉口设立。街道上雨水口的间距为25~50m，低洼地段应适当增加雨水口的数量。连接管串联雨水口个数不宜超过3

个，雨水口连接管长度不宜超过 25m。

雨水口的底部由连接管和街道雨水管连接。连接管的最小管径为 200mm，坡度一般为 0.01。

（5）出水口

排水管渠的出水口的位置及形式，要根据排出水的性质、水体的水位及其变化幅度、水流方向、波浪情况、岸边地质条件及下游用水情况等决定。同时还要与当地卫生主管部门和航运管理部门联系，征得其同意。

排水管渠的出水口一般设在岸边。当排出水需要同受纳水体充分混合时，可将出水口伸入水体中。伸入河心的出水口应设置标志。

污水管的出水口一般应淹没在水体中，管顶高程在常水位以下。这样，既可使污水和河水混合得较好，也可避免污水沿岸边流泻，影响市容和卫生。

雨水管渠的出水口通常不淹没在水中。出水口的管底标高最好设在河流最高洪水位以上，以免河水倒灌。如果受条件限制，不能满足上述要求，则须设置防洪及提升措施。

出水口与水体岸边连接处应做成护坡或挡土墙，以保护河岸及固定出水管与出水口。当排水管渠出水口的高程与受纳水体水面高差很大时，应考虑设置单级或多级阶梯跌水。

在受潮汐影响的地区，排水管渠的出水口可设置自动启闭的防潮闸门，防止潮水倒灌。

# 四、雨水工程系统规划

## （一）城市雨水工程系统规划内容

城市雨水工程系统规划应与相应层次的城市规划范围一致。城市雨水工程系统的服务范围，除规划范围外，还应包括其上游汇流区域。

城市雨水工程系统规划内容包括确定雨水排水分区、计算设计雨水量、雨水排水系统形式和布局、雨水管道及泵站计算、源头减排系统和防涝空间、雨水径流污染控制等。

## （二）排水分区

天然流域汇水分区的较大改变可能会导致下游因峰值流量的显著增加而产生洪涝灾害，也可能会导致下游因雨水流量长期减少而影响生态系统的平衡。因此，为减轻对各流域自然水文条件的影响，降低工程造价，规划雨水的排水分区应根据城市水脉格局、地势、用地布局，结合道路交通、竖向规划及城市雨水受纳水体位置，遵循高水高排、低水低排的原则确定，宜与河流、湖泊、沟塘、洼地等天然流域分区相一致。

现代城市交通立体交叉下穿道路低洼段和路堑式路段不断增多，此类区域的雨水一般难以重力流就近排放，往往需要设置泵站、调蓄设施等应对强降雨。为减少泵站等设施的规模，降低建设、运行及维护成本，应遵循高水高排、低水低排的原则合理进行竖向设计及排水分区划分，并采取有效措施防止分区之外的雨水径流进入这些低洼地区。

在合理划分排水分区的基础上，为提高排水的安全保障能力，立体交叉下穿道路低洼段和路堑式路段均应构建独立的排水系统，出水口应设置于适宜的受纳水体，防止排水不畅甚至是客水倒灌。

立体交叉下穿道路低洼段和路堑式路段一般都是重要的交通通道，如果不以上述措施保障这些区域的排水防御能力，不仅会频繁严重影响城市的正常运转，还会直接威胁人民的生命财产安全。

城市建设往往会导致雨水径流量的增加。随着城市规模的扩大，如果不对城市新建区排入已建雨水系统的雨水量进行合理控制，就会不断加大已建雨水系统的排水压力，增加城市内涝风险。因此，应以城市已建雨水系统的排水能力作为限制因素，按照新建区域增加的设计雨水量不会导致已建雨水系统排水能力不足为限制条件来考虑新建雨水系统与已建雨水系统的衔接。对于雨水排放系统，应据此确定新建区中可接入已建系统的最大规模，超出部分应另行考虑排水出路；对于防涝系统，应据此确定新建区中可排入已建系统的最大设计流量，超出部分应合理布置调蓄空间进行调蓄。

## （三）雨水管渠系统布局

雨水管渠布置的主要任务，是使雨水能顺利地从建筑物、公共设施或道路排泄出去，而不影响城市的生活生产秩序，同时达到既合理又经济的要求。雨水排放系统应按照分散、就近排放的原则，结合地形地势、道路与场地竖向等进行布局。雨水管渠系统布局应遵循下列原则：

### 1. 充分利用地形，就近排入水体

雨水径流的水质和它流过的地面情况有关。一般来说，除初期雨水外，一般是比较清洁的，直接排入水体时，不致破坏环境卫生，也不致降低水体的经济价值。因此，每个排水分区内的雨水管线应按地形分散、就近连接至自然水体。

根据分散和便捷的原则，雨水管渠一般都采用正交式布置。

### 2. 尽量避免设置雨水泵站

由于暴雨形成的径流量大，需要选用流量很大的水泵，造价很高。而且雨水泵站运行时间短，利用率低。因此，在规划时应尽可能利用地形，使雨水靠重力流排入水体。某些

地形平坦、区域较大或受潮汐影响的城市，在必须设置雨水泵站的情况下，要尽量通过雨水管道布局将经过泵站排泄的雨水量降到最小限度。

### 3. 结合城市竖向规划

城市用地竖向规划的主要任务之一，就是研究在规划城市各部分高度时，如何合理地利用自然地形，使整个雨水分区内的地面径流能在最短时间内，沿最短距离流到街道，并沿街道雨水口排入最近的雨水管渠或天然水体。

## （四）雨水源头减排

源头减排系统应遵循源头、分散的原则构建，措施宜按自然、近自然和模拟自然的优先顺序进行选择。充分利用城市绿地、水体、调蓄设施等，资源化雨水利用。

在城市老城区雨水系统与污水系统合流制的地区设置截流泵站，截流旱时污水至污水处理厂。这类地区一般设计标准较低，不能满足新规范提出的重要区域雨水重现期的要求，为此，可建设调蓄池将原合流系统的截流倍数提高，以削减雨天污染物排放量。一般可以采用雨水调蓄池与雨污合流泵房并联使用的形式，利用不同的运行模式处理不同情况下的雨污合流来水，以达到截流减排的目的。

### 1. 雨水调蓄的定义及分类

雨水调蓄是雨水调节和储蓄的总称。调节是指在暴雨期间暂时储存雨水，在洪峰流量过后或雨停后缓慢排放，以削减洪峰流量、降低下游排水设施或洪涝压力。调节设施一般并不能减少排向下游的雨水总量。储蓄主要是指降雨期间储存、滞留部分雨水量，通过回用或过滤、下渗至地下蓄水层，以及通过蒸腾和吸收来减少排放的雨水总量和污染物。雨水调蓄的基本目的是洪涝控制、径流控制、水质控制（尤其是初期雨水的水质）、收集和补充地下水。根据不同的目的，雨水调蓄主要分为以下四种：

（1）以排水和洪涝调节为目的的雨水调蓄

这种调节设施有两个基本设计依据：一个是城市防洪排涝标准，即将超过某个重现期的雨水径流量作为调节池的容积规模；另一个是城市排水设计标准，根据下游排水能力进行调节池的容积规模设计。前者根据城市级别及洪灾类型，设计重现期标准最小为 5 年，最大可以至 200 年或更高。后者区域重现期采用 0.5~3 年，重要干道、地区或短期积水即能引起较严重后果的地区，重现期采用 3~5 年，更重要的地区还可以更高。

（2）以削减径流为目的的雨水调蓄

当降雨洪峰到来时，地表径流超过雨水管渠排水能力时会形成积水。根据需要可以设置雨水调蓄设施，以削减径流过大引起的积水。以削减径流为目的的调蓄设施首选景观水体、池塘、洼地，当不具备条件时可建设人工调蓄池。人工调蓄池应具备雨后立即排水和排空功能。调蓄水容积应以汇水区域降水量计算为基础，并结合上下游雨水管路情况确定。

（3）以径流水质和储存雨水为控制目的的雨水调蓄

雨水径流的水质因降雨强度、持续时间、下垫面的类型及区域污染状况、雨水汇集及输送条件等的情况不同而差异较大，因此，明确或准确地设定雨水径流水质控制标准有较大难度。发达国家目前使用较多的是"半英寸"（约12mm）原理和"水质控制体积"（Water Quality Volume）标准（25~30mm，具体取决于当地降雨条件）。前者是基于雨水径流的初期冲刷规律，后者是基于多年降雨资料的统计（对年内约90%的降雨事件进行控制），按控制年内90%左右的降雨事件或雨量对应，设计重现期不大于0.3年。

以存蓄雨水为目的的调蓄设施应分情况讨论，对于所需雨水量少的项目，调蓄容积和降雨无关；对于所需雨水量大的项目，则要基于多年降雨资料的统计分析，合理地确定设计降雨量，进而确定调蓄容积。

（4）多功能综合雨水调蓄

多功能雨水调蓄设施综合上述多种调蓄作用，因此在设计过程中应该根据不同的控制目标分区域设计。尽管设计复杂，但是其综合的社会与经济效益最优，是值得推广的雨水调蓄方式。

2. 雨水调蓄设施的基本类型

雨水调蓄设施主要分为三种：

一是利用低凹地、池塘、湿地、人工池塘等收集调蓄雨水。

二是将其建成与市民生活相关的设施。例如，利用凹地建成城市小公园、绿地、停车场、网球场、儿童游乐场和市民休闲锻炼场所等，当暴雨来临时可以暂时将高峰流量贮存在其中，暴雨过后，雨水继续下渗或外排，并且设计在一定时间（如48h或更短的时间）内完全放空。这种雨水调蓄设施多数时间处于无水状态，可以用作多功能场所。

三是在地下建设大口径的雨水调蓄池。

这几种调蓄设施就其本质而言，都是为雨洪提供一个暂时的存放空间。所不同的是有的因地制宜，利用当地特有的自然地貌特征；有的在设计施工时，考虑了其非蓄水时期的用途和功能。但就目前的管网系统改造来讲，修建地下雨水调蓄池是最直接和有效的。

## （五）雨水利用

根据用途不同，城市雨水利用可分为雨水直接利用（回用）、间接利用（渗透）、综合利用等几种类型。城市雨水利用系统分类见表3-1。

表 3-1  城市雨水利用系统分类

| 分类 | 方式 | | | 主要用途 |
|---|---|---|---|---|
| 雨水直接利用 | 按区域功能不同 | 居住区 | | 绿化、喷洒道路、洗车、冲厕、冷却循环、景观补充水、其他 |
| | | 工业区 | | |
| | | 商业区 | | |
| | | 公园、学校等公共场所 | | |
| | 按规模和集中程度不同 | 集中式 | 建筑群或区域整体 | |
| | | 分散式 | 建筑单体雨水利用 | |
| | | 综合式 | 集中与分散相结合 | |
| | 按主要构筑物和地面的相对关系 | 地上式 | | |
| | | 地下式 | | |
| 雨水间接利用 | 按规模和集中程度不同 | 集中式 | 干式深井回灌 | 渗透补充地下水 |
| | | | 湿式深井回灌 | |
| | | 分散式 | 渗透检查井 | |
| | | | 渗透管沟 | |
| | | | 渗透池塘 | |
| | | | 渗透地面 | |
| | | | 低势绿地雨水花园等 | |
| 雨水综合利用 | 因地制宜，回用与渗透相结合，利用与洪涝控制、污染控制相结合，利用与景观、改善生态环境相结合 | | | 多用途、多层次、多目标；城市生态环境保护与改善，可持续发展的需要 |

## 1. 雨水集蓄的利用方式

雨水的集蓄是雨水收集和蓄存的总称，包含初期雨水的弃流、调节及贮存。初期雨水弃流的目的是控制所收集雨水的水质，以满足用水要求；雨水调节的主要目的是削减洪峰流量，控制蓄水规模；雨水贮存是为了满足雨水利用的要求而设置雨水暂存空间。雨水集蓄利用主要是指初期雨水的弃流、路面雨水的收集和蓄水设施的选择。为保证道路排水的安全，蓄水设施一般都设有溢流管（渠），在一定的条件下启用。

## 2. 雨水的渗透方式

雨水渗透系统或技术是把雨水转化为土壤水，其手段或设施主要有地面入渗、埋地管渠入渗、渗水池井入渗等。根据方式不同，雨水渗透可分为分散式和集中式两大类，可以是自然渗透，也可以是人工渗透。

根据城市的特点，目前国内外在市政工程中应用最多的为分散式渗透技术，即通过铺装透水性路面来降低路面雨水的产汇流。透水性路面采用人工材料铺设，如多孔的嵌草砖（俗称草皮砖）、碎石、透水性混凝土等渗透能力好的材料。分散性透水技术的主要优点是能利用表层土壤对雨水的净化能力，对预处理要求相对较低，技术简单，便于管理；其主要缺点是渗透能力受土质限制，需要较大的透水面积，对雨水径流量的调蓄能力低。

目前国内有许多透水地面材料可供选择使用，常规的有多孔沥青、多孔混凝土和草皮砖。

典型的多孔沥青地面构造如下：表面为沥青层，厚4~6cm，采用大孔隙排水性沥青混合料，与一般混合料相比，其避免使用细小集料，粗集料比例极大，可达80%以上，孔隙率控制在15%~20%，粗集料选用5~10mm和10~15mm玄武岩石，沥青重量比为5.0%~6.0%；沥青层下设两层碎石，上层碎石粒径1.3cm左右，厚5cm，下层碎石粒径2.5~5cm，孔隙率为38%~40%，其厚度根据所需蓄水量的多少来确定。

多孔混凝土地面构造与多孔沥青地面类似，只是表层采用无砂混凝土，其厚度约为12.5cm，空隙率为15%~25%。

草皮砖是带有各种形状孔隙的混凝土块，开孔率可达20%~30%，多用于城区各类停车场、生活小区及道路外侧。草皮砖地面因有草类植物生长，与多孔沥青地面及多孔混凝土地面相比，能更有效地净化雨水径流。实验证明，草皮砖对于重金属如铅、锌、铬等有一定去除作用，而且植物能延缓径流速度，延长径流时间。

根据实际工程的统计，透水地面的径流系数为0.05~0.35，其主要取决于透水材料的渗透性能、孔隙率、基础碎石层的蓄水性能、地面坡度、降雨强度等因素。由于位于渗透性路面下的碎石填料层有较大的孔隙，如果有一定的坡度，易形成水平流动。为了减少入渗雨水在碎石层中的水平流动，通常设置一些连续的混凝土隔墙，这有利于调蓄雨水就地向下入渗。

### 3. 雨水的综合利用方式

雨水的利用并不是一个孤立的系统，它是包括雨水的集蓄利用、渗透等多种方式的组合。在规划设计时，要根据现场的地质条件、地形地貌、高程、绿地、地下管线等构筑物布局、当地气候降雨特点、雨水水质和工程总体布局等，充分考虑各种雨水利用措施的优缺点和适用条件，经过水力和水量平衡计算，以及多方案的技术经济比较来确定综合利用方式。

# 第四章　市政给排水管道工程施工

## 第一节　给水管道工程开槽施工

### 一、土的物理性质

土的物理性质主要由如下指标表征：

1. 土的天然密度和重力密度。

2. 土粒的相对密度。

3. 土的天然含水量。

4. 土的干密度和干重度。

5. 土的孔隙比与孔隙率。

6. 土的饱和重度与土的有效重度。

7. 土的饱和度。

8. 土的可松性和可松性系数（表4-1）。

表4-1　土的可松性系数

| 土的种类 | 土的可松性系数 | |
|---|---|---|
| | $K_1$ | $K_2$ |
| 砂土、黏性土 | 1.08~1.17 | 1.01~1.03 |
| 砂碎石 | 1.14~1.28 | 1.02~1.05 |
| 种植土、淤泥 | 1.2~1.3 | 1.02~1.04 |
| 黏土、碎石 | 1.24~1.3 | 1.04~1.07 |
| 卵石土 | 1.26~1.32 | 1.06~1.09 |
| 岩石 | 1.33~1.5 | 1.1~1.3 |

9. 不同土的渗透性见表 4-2。

表 4-2 土的渗透性

| 土的种类 | 土的渗透系数/（m/d） |
|---|---|
| 黏土 | <0.005 |
| 粉土 | 0.1~0.5 |
| 粉砂 | 0.5~1.0 |
| 细砂 | 1.0~5.0 |
| 中砂 | 5.0~20.0 |
| 粗砂 | 20.0~50.0 |
| 砾石 | 50.0~100.0 |

# 二、土的力学性质

## （一）土的抗剪强度指标

砂性土：摩擦力。

黏性土：摩擦力、黏聚力。

## （二）土的侧土压力

土的侧土压力主要包括主动土压力、被动土压力、静止土压力。

# 三、土的分类

1.《建筑地基基础设计规范》中将土分为六类：岩石；碎石土；砂土；粉土；黏性土（黏性粉土、黏土）人工填土（素填土、杂填土、冲填土）。

2. 按土石坚硬程度和开挖方法，土石可分八类（表 4-3）。

表 4-3 土石的分类

| 土的类型 | 土的名称 | 开挖方法 |
|---|---|---|
| 一类土 | 松软土 | 锹 |
| 二类土 | 普通土 | 锹，镐 |
| 三类土 | 坚土 | 镐 |

续表

| 土的类型 | 土的名称 | 开挖方法 |
|---|---|---|
| 四类土 | 砂砾坚土 | 镐，撬棍 |
| 五类土 | 软岩 | 镐，撬棍，大锤，工程爆破 |
| 六类土 | 次坚石 | 工程爆破 |
| 七类土 | 坚石 | 工程爆破 |
| 八类土 | 特坚石 | 工程爆破 |

# 四、沟槽开挖

沟槽开挖施工方案所包含的内容如下：

1. 沟槽施工平面布置图及开挖断面图。

2. 沟槽形式、开挖方法及堆土要求。

3. 无支撑沟槽的边坡要求。

4. 施工设备机具的型号、数量及作业要求。

5. 不良土质开挖的措施。

# 五、沟槽开挖方法

## （一）人工开挖

适用：管径小、土方少；场地狭窄、障碍多。

要求：沟槽深≥3m 时，须分层开挖，每层不超过 2m，并设层间台，必要时须用支护。沟底不得超挖。

## （二）机械开挖

开挖方法：机械开挖、人工清底。

1. 推土机（T）

分类：通用型、专用型。

行走方式：履带式、轮胎式（L）。

2. 挖掘机（W）

分类：单斗、多斗。

行走方式：履带式、轮胎式（L）、汽车式（Q）。

（1）单斗挖掘机

传动方式：机械、液压（Y）、电力（D）。

分类：正铲、反铲、爪铲、拉铲。

正铲卸土方式：正挖侧卸、正挖后卸。

（2）多斗挖掘机

优点：连续作业、开挖整齐、自动卸土。

适用：黄土、黏土。

不适用：坚硬土、含水量大的土。

## （三）堆土要求

1. 不影响：建筑物、管线、其他设施。

2. 不掩埋：消火栓、管道闸阀、雨水口与各种井盖、测量标志。

3. 距沟槽边缘≥0.8m。

4. 堆土高度≤1.5m。

5. 严禁超挖。

6. 槽底不得受水浸泡和受冻。

7. 槽壁平顺、边坡符合要求。

# 六、地基处理施工

## （一）地基处理的意义

地基处理的意义是使地基同时满足容许沉降量和容许承载力的要求。

## （二）地基处理的目的

1. 改善土的剪切性能，提高抗剪强度。

2. 降低软弱土的压缩性，减少基础的沉降或不均匀沉降。

3. 改善土的透水性，起着截水、防渗的作用。

4. 改善土的动力特性，防止砂土液化。

5. 改善特殊土的不良地基特性。

## （三）地基处理方法

地基处理的分类方法多种多样，按时间可分为临时处理和永久处理；按处理深度分为浅层处理和深层处理；按处理土性对象分为砂性土处理和黏性土处理，饱和土处理和非饱和土处理；也可按地基处理的加固机理进行分类。因为现有的地基处理方法很多，新的地基处理方法还在不断发展，要对各种地基处理方法进行精确分类是困难的。按照地基处理的加固机理进行分类如下：

换填土：换土垫层法、褥垫法。

密实法：浅层密实、深层密实。

地基处理方法碾压法：机械碾压、振动压法、重锤夯实法、强夯法。

排水固结法：堆载顶压法、排水纸板法。

浆液加固：硅化法、旋喷法、碱液加固法、水泥灌浆法、深层搅拌法。

# 七、铸铁管道安装施工

## （一）管道安装前的准备工作

1. 沟槽开挖的质量检查。检查项目如下：

①断面尺寸。

②槽底有无扰动。

③边坡的稳定性。

2. 管材的种类和附件检查。检查项目如下：

①管材的种类：法兰盘式铸铁管、承插式铸铁管。

②管道附件。管道附件主要检查阀门、止回阀、安全阀、排气阀、泄水阀、消火栓、水锤消除设备等。

3. 管材质量检查。检查项目如下：

①检查出厂合格证。

②核对规格、型号、材质、压力等级。

③外观检查：平整，光洁，不得有裂纹，不得凸凹不平，承插口不得有黏砂和凸起。

④用小锤进行破裂检查。

⑤检查出厂日期。

4．其他准备工作：

①铸铁管的搬运。采用起吊设备和工具、轻装轻放、避免碰撞。

②铸铁管的堆放。堆放形式：金字塔形、四方形。

## （二）管道安装

安装顺序：排管→下管→稳管→管道接口。

1．排管

目的：

①预先安排管道的位置。

②确定管道的实际用量。

③确定承插口方向。

④确定弯管位置和角度：管道自弯水平借距（借转），管道自弯高度借距（借高）。

管道自弯借转：一般情况下，可采用 90°弯头、45°弯头、22°弯头进行管道转弯，如果弯曲角度小于 11°时，则可采用弯道自弯借转作业。

排管要求：

①管道距沟槽边≥0.5m。

②注意水流方向。

③应扣除井及其他构筑物占位。

④不具排管条件，可集中堆放。

2．下管

目的：将管道从沟槽边放入沟槽底。

方法：人工下管、机械下管。

①人工下管。

适用：管径小、重量轻、沟槽浅、场地狭窄、不便机械施工。

方法：压绳下管法、吊链下管法、溜管法。

②机械下管。

适用：管径大、重量大、沟槽深、工作量大、便于机械施工。

常用机械：轮胎式起重机、履带式起重机、汽车式起重机。

3．稳管

目的：将管道按设计的水平位置和高程稳定在地基或基础上。

要求：平、直、稳、实。

借助工具：坡度板、中心钉、高度板、高程钉。

工作内容：对中（中心线法、边线法）、对高。

4. 管道接口（给水铸铁管）

接口材料：嵌缝材料、密封材料。

接口形式：刚性接口、半柔半刚接口、柔性接口。

①刚性接口。

A. 适用：灰口铸铁管。

B. 材料：油麻-石棉水泥、石棉绳-石棉水泥、油麻-膨胀水泥砂浆、油麻-铅。

C. 嵌缝材料填打。

a. 材料。

油麻：成品、自制（油麻、5%石油沥青、95%汽油）石棉绳。

b. 尺寸。

粗细：1.5倍的缝宽。

长度：绕管+搭接长度（100~150mm）。

c. 填麻圈数。

石棉水泥、膨胀水泥砂浆密封时：

管径≤400mm，1缕油麻，绕填2圈。

管径500~800mm，每圈1缕油麻，绕填2圈。

管径>800mm，每圈1缕油麻，绕填3圈。

用铅密封时，在上面基础上再加绕1~2圈。

D. 填麻施工。

要保证环向间隙均匀，可使用錾子。

使用打锤重量1.5kg。

油麻的填打程序和遍数：

第一圈：2遍。

第二圈：2遍。

第三圈：3遍。

E. 检验填麻质量。

麻打不动、填麻深度允许偏差±5mm。

F. 密封材料填打。

a. 石棉水泥。

材料：成品、自制（30%石棉、70%32.5水泥）。

拌和：加水均匀、手抓成团不湿手。

准备：间隙清洁、湿润。

填打遍数和深度：

深度应为接口深度的 1/2～2/3。填打时，应从下往上填灰，分层填打，每层至少两遍。

养护：浇水养护，1～2昼夜。

其他：刷防腐层、不得碰撞。

b. 膨胀水泥砂浆。

材料：膨胀水泥∶砂∶水＝1∶1∶0.3。

做法：分层填入、分层捣实；三填三捣；封口处凹进1～2mm，表面平整。

养护：湿草袋、洒水3h。

c. 铅。

熔铅：保证无水，熔铅温度适宜（紫红色，铁棍无熔铅附着为宜）。模具准备：卡箍并防漏铅。

灌铅：一次灌入、不得断流，凝后脱模，切飞刺，用錾打平。

②半柔半刚接口。

适用：灰口铸铁管、球墨铸铁管。

材料：橡胶圈-石棉水泥、橡胶圈-膨胀水泥砂浆。

橡胶圈施工：胶圈内径=插口外径的0.86～0.87倍。

胶圈位置：插口上。

对口要求：胶圈紧贴承口、胶圈不能拧麻花。

填打：用錾子均匀打入，不断不裂。

③柔性接口。

a. 适用：球墨铸铁管、松软地基、强震区。

b. 安装方法：推入式（滑入式）、机械式。

c. 推入式（滑入式）。

材料：楔形橡胶圈或其他形的橡胶圈、倒链、撬棍。

管口形式：承口内壁有斜形槽、插口端部有坡形。

d. 推入式（滑入式）施工顺序：胶圈定位→涂润滑剂→检查插口安装程度（安装线）→连接→承插口连接检查（深度）。

# 八、沟槽土方回填

## （一）沟槽土方回填的准备

1. 沟槽内不得有积水。

2. 保持降排水系统正常运行。

3. 沟槽内杂物清除干净。

4. 压力管水压试验前，除接口外，管道两侧及管顶上回填不应小于 0.5m。

## （二）回填土的准备

### 1. 采用土回填。

（1）槽底至管顶 0.5m 内，土中不得含有机物、冻土及大于 50mm 的砖石等硬块。

（2）接口处应采用细粒土回填。

（3）回填土的含水量：最佳含水量±2%。

（4）冬期回填，管顶以上 0.5m 范围以外可均匀掺入冻土，掺入量不得大于 15%，冻块尺寸不得大于 100mm。

2. 采用石灰土、砂、砂砾回填，应符合设计要求。

## （三）回填机械的准备

1. 人工回填

工具：木夯、石夯、铁夯。

2. 机械回填

工具：蛙式夯、火力夯（内燃打夯机）、履带式打夯机、压路机。

## （四）回填现场试验段的准备

1. 试验段长度。一个井段长度不小于 50m。

2. 压实度。刚性管道沟槽回填分为：沟槽在路基范围外、沟槽在路基范围内。

3. 分层回填土的虚铺厚度应满足要求。

4. 夯击遍数。通过现场试验确定，试验段压实后，检查点数：每层每侧 1 组（3 个点）。

## （五）沟槽土方回填的施工方法

回填的顺序：沟槽排水方向由高到低。

施工的流程：还土→摊平→夯实→检查。

1. 还土（返土）。要求：

①不得损伤管道和接口。

②依据每层虚铺量运入，不得堆料。

③管道两侧及管顶 0.5m 内，应对称运入。

④不得直接回填在管道上。

⑤不得集中推入。

⑥如须拌和，则拌和后再运入后槽。

⑦严禁槽壁取土回填。

2. 摊平：人工摊平、接近水平。

3. 夯实。管道夯实要求：

①管顶 0.5m 以下和两侧，采用轻型压实机械。

②管道两侧压实面的高差应≤0.3m。

③当为土弧基础，管道两侧压实应对称进行。

④多排管道基底同一高程，回填应对称进行。

⑤多排管道基底不在同一高程，回填应先填低的，再同时进行回填。

⑥如分段回填压实，应留茬呈台阶形。

⑦轻型夯实机械：夯夯相连不漏夯。

⑧压路机：重叠宽度≥0.2m；车速≤2km/h。

4. 检查。

①主控项目。

回填材料：每铺 1000m² 取样一次（2 组）。

回填条件：沟槽不得带水。

管道变形率：铸铁管变形率≤2%，取出回填土重新回填，管道与接口有损伤应修复或更换。铸铁管变形率>2%，应挖出管道，与设计单位研究。

压实度：每层 1 组（3 个点）。

②一般项目。

一般项目包括高程、管道及附属物的损伤、沉降、位移。

# 第二节　排水管道工程开槽施工

本节以混凝土管道开槽施工为例来介绍。

# 一、降排水

## （一）影响施工的水

1. 地表水。

2. 雨水。

3. 地下水。

4. 水气。

5. 结合水。

6. 自由水：潜水、承压水。

## （二）施工排水、降水的方法

1. 明沟排水。

2. 人工降低地下水。

（1）轻型井点。

（2）电渗井点。

（3）喷射井点。

（4）深井。

## （三）明沟排水

1. 原理。

地面截水（槽内四周挖排水沟）→降水引入集水井→用水泵抽取。

2. 地面截水。

位置：沟槽四周、沟槽两侧、沟槽单侧（迎水一侧）。

排水：利用已有排水沟与已有建筑物保持距离。

3. 坑内排水。

（1）普通明沟排水。

组成：排水沟、集水井、抽水泵。

要求：开挖前设置。

位置：单侧或双侧工作面外距槽壁大于 0.3m。

尺寸：底宽大于 0.3m，槽深应大于 0.3m，纵坡大于 1.0%。

（2）集水井。

位置：每隔 50~150m，距沟槽 1~2m。

尺寸：比排水沟低 0.7~1.0m，达设计标高后，应低 1~2m；断面为 0.6m×0.6m~0.8m×0.8m。

## （四）井点类型和组成

1. 井点的优点、类型和工作原理。

①优点。

a. 机具设备简单、易于操作、便于管理。

b. 可减少基坑开挖边坡坡率，降低基坑开挖土方量。

c. 开挖好的基坑施工环境好，各项工序施工方便，大大提高了基坑施工工序。

d. 开挖好的基坑内无水，相应提高了基底的承载力。

e. 在软土路基地下水较为丰富的地段应用，有明显的施工效果。

②类型：单层、多层。

2. 轻型井点的组成：井点管、滤管、直管、弯联管、总管、抽水设备。

①井点管。

A. 滤管。

直径：38~55mm。

长度：1~2m。

材料：镀锌钢管。

B. 直管。

直径：38mm、51mm。

长度：5~7m。

②弯联管。

材料：橡胶管、塑料管。

长度：1.0m。

③总管。

直径：100~150mm 钢管。

④抽水设备。

射流泵、真空泵、自引式。

3. 轻型井点的布设。

①平面布设。

A. 布设形式。

单排布设：沟槽底宽≤2.5m。

双排布设：沟槽底宽>2.5m。

U 形布设：一侧需要机械出入。

环形布设：面积较大的基坑。

B. 总管长度。

每端的延长长度≥沟槽上宽。

C. 井点管的位置。

距沟槽上边缘外 1.0~1.5m。

②竖向布设。

A. 根据地下水有无压力，水井分为无压井和承压井。

当水井布置在具有潜水自由面的含水层中时（地下水为自由面），称为无压井；当水井布置在承压含水层中时（含水层中的水充满在两层不透水层中间，含水层中的地下水面具有一定水压），称为承压井。

B. 根据水井埋设的状态，水井分为完整井和非完整井。

当水井底部达到不透水层时称为完整井，否则称为非完整井。

# 二、沟槽支撑

## （一）沟槽支撑的目的及特点

1. 目的：挡土，保证施工安全。

2. 加设支撑的优点：减少挖土方量、占地及拆迁。

缺点：增加钢、木材消耗，影响后续施工。

## （二）沟槽支撑加设的条件

土质差，深度大，直槽，高地下水。

## （三）沟槽支撑的种类

1. 按支撑的材料分为木板支撑、钢板支撑、钢筋混凝土支撑。

2. 按支撑的形式分为撑板支撑、钢板桩支撑。钢板桩支撑适用于地下水比较严重，有流砂现象，不能排板，只能随打板桩随挖土时。

3. 按撑板（挡土板）的方向分为横板支撑（横撑）、竖板支撑（竖撑）。

4. 按撑板（挡土板）的间距分为密撑、疏撑（稀撑）。

## （四）撑板支撑。

1. 构造组成：撑板（挡土板）、横梁与纵梁（立柱）、横撑（撑杠）。

2. 材料要求。

（1）撑板（挡土板）。

金属撑板：钢板+槽钢，设计确定规格。

木撑板：厚度≥50mm，长度≥4m，宽度200～300mm。

（2）横梁或纵梁（立柱）。

采用方木：断面尺寸≥150mm×150mm。

槽钢：100mm×150mm；200mm×200mm。

纵梁（立柱）间距：槽深≤4m，立柱间距为1.5m；槽深4～6m，立柱间距为1.2m（疏撑）、1.5m（密撑）；槽深>6m，立柱间距为1.2～1.5m。

横梁间距：1.2～1.5m。

（3）横撑（撑杠）。

木撑杠：宜为原木，直径≥100mm；金属撑杠（工具式撑杠）。

撑杠间距：水平1.5～2.0m；垂直≤1.5m。

3. 支撑支设。

（1）横撑支设。

要求：先挖后支撑；逐层开挖、逐层支设。

（2）竖撑支设。

要求：先打后挖；边挖边支撑。

4. 支撑的拆除。

（1）多层支撑应先下后上。

（2）应与回填土高度配合。

（3）拆后应及时回填。

（4）设排水沟，由分水线向两侧集水井拆。

## （五）钢板桩支撑

1. 构造组成：钢板桩（钢板、槽钢）、撑杠与横梁（偶用）。

2. 材料要求：尺寸规格应通过计算得出。

3. 钢板桩支设的设备。

（1）桩锤。

（2）桩架。

（3）动力设备。

4. 打桩的方法。

（1）单独打入法。

优点：不需要辅助支架；施工简便、速度快。

缺点：桩精度不高、误差不易调整。

适用：对桩要求不高、长度不大于10m。

（2）围囹（檩）插桩法。

5. 支撑拆除。

（1）回填土达到要求后拔除。

（2）拔除后及时回填桩孔（灌砂、注浆）。

# 三、管道基础施工

## （一）管道基础施工的准备

1. 沟槽检验。

2. 材料准备。

3. 施工方案。

## （二）管道基础的类型

1. 土弧基础（原状地基）。

适用：地基承载力≥100kPa 时，优先选用柔性接口管道。

材料：原状坚硬土、原状岩石。

2. 砂石基础。

适用：地基承载力<100kPa，满足地基受力条件，宜优先选用柔性接口管道。

材料：中砂、粗砂级配砂石、碎石、石屑，最大粒径≤25mm。

3. 混凝土基础。

适用：刚性接口管道；每隔 20~25m。

材料：素混凝土，钢筋混凝土。

## （三）管道基础施工

1. 土弧基础施工。

（1）基础中心角>60°。

（2）原状土超挖。

深度≤150mm，原土夯实达密实度。

深度>150mm，级配砂石、砂砾回填压实。

（3）排水不良造成土基扰动。

扰动深度≤100mm，级配砂石、砂砾回填压实。

扰动深度>150mm，卵石、块石回填压实。

（4）原状土为岩石或坚硬土层，管道下方应铺设砂垫层。

（5）质量验收。

主控项目：原状土地基承载力。

一般项目：原状地基与管道接触均匀，无间隙；土弧基础腋角高度；承插接口处地基处理。

2. 砂石基础施工。

（1）槽底不应有积水和软泥。

（2）管道有效支撑角。

管道有效支撑角范围必须用中砂、粗砂填充、插捣密实；与管底紧密接触；不得用其他材料。

（3）质量验收。

主控项目：材料质量、压实度（设计要求）。

一般项目：基础与管道均匀接触、无间隙；高程；平基厚度；砂石基础腋角高度。

3. 混凝土基础施工。

（1）施工方法。

排水管道铺设的方法较多，常用的方法有平基法、垫块法、"四合一"施工法。应根据管道种类、管径大小、管座形式、管道基础、接口方式等来合理选择排水管道铺设的方法。

①平基法。

平基法施工程序为：支平基模板→浇筑平基混凝土→下管→安管（稳管）→支管座模板→浇筑管座混凝土→抹带接口→养护。

②垫块法。

排水管道施工，把在预制混凝土垫块上安管（稳管），然后浇筑混凝土基础和接口的施工方法，称为垫块法。采用这种方法可避免平基、管座分开浇筑，是污水管道常用的施工方法。垫块法施工程序为：预制垫块→安垫块→下管→在垫块上安管→支模→浇筑混凝土基础→接口→养护。

③"四合一"施工法。

概念：排水管道施工，将混凝土平基、稳管、管座、抹带四道工艺合在一起施工的做法称为"四合一"施工法。

施工程序：验槽→支模→下管→排管→四合一施工→养护。

（2）规范要求。

模板支设高度：应高于混凝土的浇筑高度。

管座与平基分开浇筑时：应先将平基凿毛冲洗干净。

腋角施工：用同等强度等级的水泥砂浆填满捣实后，再浇筑混凝土。

垫块法施工顺序：必须先在一侧灌注混凝土，至对侧混凝土与浇筑侧混凝土同高，再同时浇筑，并保证同高。

沉降缝的位置：与柔性接口一致。

（3）质量验收。

主控项目：混凝土强度。

一般项目：

①混凝土基础外光内实，无严重缺陷。

②钢筋位置、数量正确。

③平基：中心线每侧宽度、高程、厚度。

④管座：肩宽、肩高。

# 四、钢筋混凝土（混凝土）管道安装施工

## （一）管道安装的准备工作

1. 管道准备。

2. 平基准备。

3. 接口材料准备。

4. 管道安装应满足的要求。

## （二）管道施工的顺序

1. 排管要求。

①管道距沟槽边≥0.5m；②注意水流方向；③应扣除井及其他构筑物占位；④不具排管条件，可集中堆放。

2. 下管。

目的：将管道从沟槽边放入沟槽底。

方法：人工下管、机械下管。

（1）人工下管。

适用：管径小、重量轻、沟槽浅、场地狭窄、不便机械施工。

方法：压绳下管法、吊链下管法、溜管。

（2）机械下管。

适用：管径大、重量大、沟槽深、工作量大、便于机械施工。

常用机械：轮胎式起重机、履带式起重机、汽车式起重机。

3. 稳管。

目的：将管道按设计的水平位置和高程稳定在地基或基础上。

要求：平、直、稳、实。

借助工具：坡度板、中心钉、高度板、高程钉。

工作内容：对中（中心线法、边线法）、对高。

4. 管道接口。

（1）水泥砂浆抹带。水泥砂浆抹带接口适用：雨水管、地基较好、管径较小。

水泥砂浆抹带接口顺序：浇筑管座混凝土→勾捻管座部分管内缝→管带外皮和基础凿毛→管座上部管道内缝支垫托→水泥砂浆抹带施工→勾捻管座上部管道内缝。

（2）钢丝网水泥砂浆抹带。

钢丝网水泥砂浆抹带接口适用：污水管、地基土质较好。

钢丝网水泥砂浆抹带接口顺序：浇筑管座混凝土→放钢丝网→勾捻管座部分管内缝→管带外皮和基础凿毛→管座上部管道内缝支垫托→水泥砂浆抹带施工→勾捻管座上部管道内缝。

（3）套环接口。

适用：地基沉降不均匀地段、现浇混凝土套环接口。

# 第五章  市政给排水管网维护与项目管理

## 第一节  给水管网的养护管理与安全运行

### 一、给水管道防腐

#### （一）给水管道的外腐蚀

金属管材引起腐蚀的原因大体分为两种：化学腐蚀（包括细菌腐蚀）和电化学腐蚀（包括杂散电流的腐蚀）。

1. 化学腐蚀

化学腐蚀是由于金属和四周介质直接相互作用发生置换反应而产生的腐蚀。如铁的腐蚀作用，首先是由于空气中的二氧化碳溶解于水，生成碳酸，它们往往也存在于土壤中，使铁生成可溶性的酸式碳酸盐 $Fe(HCO_3)_2$，然后在氧的氧化作用下最终变成 $Fe(OH)_3$。

2. 电化学腐蚀

电化学腐蚀的特点在于金属溶解损失的同时，还产生腐蚀电池的作用。

形成腐蚀电池有两类：一类是微腐蚀电池，另一类是宏腐蚀电池。微腐蚀电池是指金属组织不一致的管道和土壤接触时产生腐蚀电池。宏腐蚀电池是指长距离（有时达几公里）金属管道沿线的土壤特性不同时，因而在土壤和管道间，发生电位差而形成腐蚀电池。

地下杂散电流对管道的腐蚀，是一种由外界因素引起的电化学腐蚀的特殊情况，其作用类似电解过程。由于杂散电流来源的电位往往很高，电流也大，故杂散电流所引起的腐蚀远比一般的电腐蚀严重。

## （二）给水管道的内腐蚀

### 1. 金属管道内壁侵蚀

这种侵蚀作用在前面已经述及了两大类——化学腐蚀与电化学腐蚀。对金属管道而言，输送的水就是一种电解液，所以管道的腐蚀多半带有电化学的性质。

### 2. 水中含铁量过高

作为给水的水源一般含有铁盐。生活饮用水的水质标准中规定铁的最大允许浓度不超过 0.3mg/L，当铁的含量过大时应予以处理，否则在给水管网中容易形成大量沉淀。水中的铁常以酸式碳酸铁形式存在。以酸式碳酸铁形式存在时最不稳定，分解出二氧化碳，而生成的碳酸铁经水解成氢氧化亚铁。这种氢氧化亚铁经水中溶解氧的作用，转为絮状沉淀的氢氧化铁。它主要沉淀在管内底部，当管内水流速度较大时，上述沉淀就难形成；反之，当管内水流速度较小时，就促进了管内沉淀物的形成。

### 3. 管道内的生物性腐蚀

城市给水管网内的水是经过处理和消毒的，在管网中一般就没有产生有机物和繁殖生物的可能。但铁细菌是一种特殊的自养菌类，它依靠铁盐的氧化，以及在有机物含量极少的清洁水中，利用细菌本身生存过程中所产生的能量而生存。这样，铁细菌附着在管内壁上后，在生存过程中能吸收亚铁盐和排出氢氧化铁，因而形成凸起物。由于铁细菌在生存期间能排出超过其本身体积近 500 倍的氢氧化铁，所以有时能使水管过水截面发生严重的堵塞。

## （三）防止管道外腐蚀的措施

管道除使用耐腐蚀的管材外，管道外壁的防腐方法可分为金属或非金属覆盖的防腐蚀法、电化学防腐蚀法。

### 1. 覆盖防腐蚀法

（1）金属表面的处理

金属表面的处理是搞好覆盖防腐蚀的前提，清洁管道表面可采用机械和化学处理的方法。

（2）覆盖式防腐处理

按照管材的不同，覆盖防腐处理的方法亦有不同。对于小口径钢管及管件，通常是采取热浸镀锌的措施。明设钢管，在管表面除锈后用涂刷油漆的办法防止腐蚀，并起到装饰及标志作用。设在地沟内的钢管，可按上述油漆防腐措施处理，也可在除锈后刷 1~2 遍冷底子油，再刷两遍热沥青。埋于土中的钢管，应根据管道周围土壤对管道的腐蚀情况，选择防腐层的种类。

（3）铸铁管外壁的防腐处理

铸铁管外壁的防腐处理，通常采用浸泡热沥青法或喷涂热沥青法。

## 2. 电化学防腐蚀法

电化学防腐蚀方法是防止电化学腐蚀的排流法和从外部得到防腐蚀电流的阴极保护法的总称。但是从理论上分析，排流法和阴极防蚀法是类似的，其中，排流法是一种经济而有效的方法。

（1）排流法

当金属管道遭受来自杂散电流的电化学腐蚀时，埋设的管道发生腐蚀处是阳极电位，如若在该处管道和流至电源（如变电站的负极或钢轨）之间，用低电阻导线（排流线）连接起来，使杂散电流不经过土壤而直接回到变电站去，就可以防止发生腐蚀，这就是排流法。

（2）阴极保护法

阴极保护法是从外部给一部分直流电流，由于阴极电流的作用，将金属管道表面上下不均匀的电位消除，不能产生腐蚀电流，从而达到保护金属不受腐蚀的目的。从金属管道流入土壤的电流称为腐蚀电流。从外面流向金属管道的电流称为防腐蚀电流。阴极保护法又分为外加电流法和牺牲阳极法两种。

①外加电流法

外加电流法是通过外部的直流电源装置，把必要的防腐电流通过地下水或埋设在水中的电极，流入金属管道的一种方法。

②牺牲阳极法

牺牲阳极法是用比被保护金属管道电位更低的金属材料做阳极，和被保护金属连接在一起，利用两种金属之间固有的电位差，产生防蚀电流的一种防腐方法。

## （四）防止管道内腐蚀的措施

### 1. 传统措施

管道内壁的防腐处理，通常采用涂料及内衬的措施解决。小口径钢管采用热浸镀锌法进行防腐处理是广泛使用的方法。大口径管道一般采用水泥砂浆衬里，不但价格低廉，而且坚固耐用，对水质没有影响。

早期采用沥青层防腐，作用在于使水和金属之间隔离开，但很薄的一层沥青并不能充分起到隔离作用，特别是腐蚀性强的水，使钢管或铸铁管用 3~5 年就开始腐蚀。环氧沥青、环氧煤焦油涂衬的方法，因毒性问题同沥青一样引起争议。

2. 其他措施

（1）投加缓蚀剂可在金属管道内壁形成保护膜来控制腐蚀。由于缓蚀剂成本较高及对水质的影响，一般限于循环水系统中应用。

（2）水质的稳定性处理。在水中投加碱性药剂，以提高 pH 值和水的稳定性，工程上一般以石灰为投加剂。投加石灰后可在管内壁形成保护膜，降低水中 $H^+$ 浓度和游离 $CO_2$ 浓度，抑制微生物的生长，防止腐蚀的发生。

3. 管道氯化法

投加氯来抑制铁硫菌杜绝"红水""黑水"事故出现，能有效地控制金属管道腐蚀。管网有腐蚀结瘤时，先进行次氯消毒，抑制结瘤细菌，然后连续投氯，使管网保持一定的余氯值，待取得相当稳定的效果后，可改为间歇投氯。

# 二、给水管道清垢和涂料

## （一）结垢的主要原因

1. 水中含铁量高。水中的铁主要以酸式碳酸盐、碳酸亚铁等形式存在。以酸式碳酸盐形式存在时最不稳定，分解出二氧化碳，而生成碳酸亚铁，经水解生成氢氧化亚铁，氢氧化亚铁与水中溶解的氧发生氧化作用，转为絮状沉淀的氢氧化铁。铁细菌是一种特殊的自养菌类，它依靠铁盐的氧化，顺利地利用细菌本身生存过程中所产生的能量而生存，由于铁细菌在生存过程中能排出超过其本身体积数百倍的氢氧化铁，所以有时能使管道过水断面严重堵塞。

2. 生活污水、工业废水的污染。由于生活污水和工业废水未经处理大量泄入河流，河水渗透补给地下水，地下水的水质逐年变坏。个别水源检出有机物、金属指标超标率严重。这些水源的出厂水已不符合生活饮用水水质标准，因此管网的腐蚀和结垢现象更为严重。

3. 水中悬浮物的沉淀。

4. 水中碳酸钙（镁）沉淀。在所有的天然水中几乎都含有钙镁离子，同时，水中的酸式碳酸根离子转化成二氧化碳和碳酸根离子，这些钙镁离子和碳酸根离子化合成碳酸钙（镁），它难溶于水而变为沉渣。

## （二）管线清垢的方式

结垢的管道输水阻力加大，输水能力减小，为了恢复管道应有的输水能力，需要刮管涂衬。管道清洗也就是管内壁涂衬前的刮管工序。清洗管内壁的方式分水冲洗、机械清洗和化学清洗三种方式。

1. 水冲洗

（1）水冲洗。管内结垢有软有硬，清除管内松软结垢的常见方法，是用压力水对管道进行周期性冲洗，冲洗的流速应大于正常运行流速的1.5~3倍。能用压力水冲洗掉的管内松软结垢，是指悬浮物或铁盐引起的沉积物，虽然它们沉积于管底，但同管壁间附着得不牢固，可以用水冲洗清除。

为了有利于管内结垢的清除，在需要冲洗的管道内放入冰球、橡皮球、塑料球等，利用这些球可以在管道变小了的断面上造成较大的局部流速。冰球放入管内后是不需要从管内取出的。对于局部结垢较硬，可在管内放入木塞，木塞两端用钢丝绳连接，来回拖动木塞以加强清除作用。

（2）气水冲洗。

（3）高压射流冲洗。利用5~30MPa的高压水，靠喷水向后射出所产生向前的反作用力，推动运动。管内结垢脱落、打碎、随水流排掉。此种方法适于中、小管道，采用的高压胶管长度为50~70m。

（4）气压脉冲法清洗。该法的设备简单、操作方便、成本不高。进气和排水装置可安装在检查井中，因而无须断管或开挖路面。

2. 机械清洗

管内壁形成了坚硬结垢，仅仅用水冲洗的方法是难以解决的，这时就要采用机械刮除。刮管器有多种形式，对于较小口径水管内的结垢刮除，是由切削环、刮管环和钢丝刷等组成，用钢丝绳在管内使其来回拖动，先由切削环在水管内壁结垢上刻画深痕，然后刮管环把管垢刮下，最后用钢丝刷刷净。

刮管法的优点是工作条件较好，刮管速度快；缺点是刮管器和管壁的摩擦力很大，往返拖动相当费力，并且管线不易刮净。

口径500~1200 mm的管道可用锤击式电动刮管机。它是用电动机带动链轮旋转，用链轮上的榔头锤击管壁来达到清除管道内壁结垢的一种机器，它通过地面自动控制台操纵，能在地下管道内自动行走，进行刮管。刮管工作速度为1.3~1.5m/min，每次刮管长度150m左右。这种刮管机主要由注油密封电机、齿轮减速装置、刮盘、链条榔头及行走动力机构四个部分组成。

另外，还有弹性清管器法。该技术是国外的成熟技术。其刮管的方法，主要是使用聚氨酯等材料制成的"炮弹型"的清管器，清管器外表装有钢刷或铁钉，在压力水的驱动下，使清管器在管道中运行。在移动过程中由于清管器和管壁的摩擦力，把锈垢刮擦下来，另外，通过压力水从清管器和管壁之间的缝隙通过时产生的高速度，把刮擦下来的锈垢冲刷到清管器的前方，从出口流走。

### 3. 化学清洗

把一定浓度（10%~20%）的硫酸、盐酸或食用醋灌进管道内，经过足够的浸泡时间（约16h），使各种结垢溶解，然后把酸类排走，再用高压水流把管道冲洗干净。

## （三）清垢后涂料

### 1. 水泥砂浆

管壁积垢清除以后，应在管内衬涂保护涂料，以保持输水能力和延长水管寿命。一般是在水管内壁涂水泥砂浆或聚合物改性水泥砂浆。前者涂层厚度为3~5mm，后者为1.5~2mm。

（1）LM型螺旋式抹光喷浆机

这种喷浆机将水泥砂浆由贮浆筒送至喷头，再由喷头高速旋转，把砂浆离心散射至管壁上。作业时，喷浆机一面倒退行驶，一面喷浆，同时进行慢速抹光，使管壁形成光滑的水泥砂浆涂层。

（2）活塞式喷浆机

活塞式喷浆机是利用针筒注射原理，将水泥砂浆用活塞皮碗在浆筒内均匀移动而推至出浆口，再由高速旋转的喷头，离心散射至管壁的一种涂料机器，它同螺旋式喷浆机一样，也是多次往返加料，进行长距离喷涂。

### 2. 环氧树脂涂衬法

环氧树脂具有耐磨性、柔软性、紧密性，使用环氧树脂和硬化剂混合后的反应型树脂，可以形成快速、强劲、耐久的涂膜。

环氧树脂的喷涂方法是采用高速离心喷射原理，一次喷涂的厚度为0.5~1mm，便可满足防腐要求。环氧树脂涂衬不影响水质，施工期短，当天即可恢复通水。但该法设备复杂，操作较难。

### 3. 内衬软管法

内衬软管法即在旧管内衬套管，有滑衬法、反转衬里法、"袜法"及用弹性清管器拖带聚氨酯薄膜等方法，该法改变了旧管的结构，形成了"管中有管"的防腐形式，防腐效果非常好，但造价比较高，材料需要进口，目前大量推广有一定的困难。

### 4. 风送涂衬法

国内不少部门已在输水管道上推广采用了风送涂衬的措施。利用压缩空气推进清扫器、涂管器，对管道进行清扫及内衬作业。用于管道内衬前的除锈和清扫，要反复清扫 3～4 遍，除去管内壁的铁锈，并把管道内杂物扫除。用压力水对管道冲洗，用压缩空气再把管内余水吹排掉。

压缩空气涂衬时，将两涂管器放好，按分层涂衬的材料需用量均匀地从各加料口装入管内。缓慢地送入压缩空气，推动涂管器完成第一遍内衬防腐，养护 5h 后进行第二遍内衬防腐。

消除水管内积垢和加衬涂料的方法，对恢复输水能力的效果很明显，所需费用仅为新埋管线的 1/12～1/10，还有利于保证管网的水质。但对地下管线清垢涂料，所需停水时间较长，影响供水，在使用上受到一定的限制。

## 三、阀门的管理

### （一）阀门井的安全要求

阀门井是地下建筑物，处于长期封闭状态，空气不能流通，造成氧气不足。所以，井盖打开后，维修人员不可立即下井工作，以免发生窒息或中毒事故。应首先使其通风半小时以上，待井内有害气体散发后再行下井。阀门井设施要保持清洁、完好。

### （二）阀门井的启闭

阀门应处于良好状态，为防止水锤的发生，起闭时要缓慢进行。管网中的一般阀门仅做启闭用，为减少损失，应全部打开，关闭时要关严。

### （三）阀门故障的主要原因及处理

阀杆端部和启闭钥匙间打滑。主要原因是规格不吻合或阀杆端部四边形棱边损坏，要立即修复。

阀杆折断，原因是操作时搞错了旋转方向，要更换杆件。

阀门关不严，造成的原因是在阀体底部有杂物沉积。可在来水方向装设沉渣槽，从法兰入孔处清除杂物。

因阀杆长期处于水中，造成严重锈蚀，以至于无法转动。解决该问题的最佳办法是：阀杆用不锈钢，阀门丝母用铜合金制品。因钢制杆件易锈蚀，为避免锈蚀卡死，应经常活动阀门，每季度一次为宜。

### （四）阀门的技术管理

阀门现状图纸应长期保存，其位置和登记卡必须一致。每年要对图、物、卡检查一次。工作人员要在图、卡上标明阀门所在位置、控制范围、启闭转数、启闭所用的工具等。对阀门应按规定的巡视计划周期进行巡视，每次巡视时，对阀门的维护、部件的更换、油漆等均应做好记录。启闭阀门要由专人负责，其他人员不得启闭阀门。管网上的控制阀门的启闭，应在夜间进行，以防影响用户供水。对管道末端，水量较少的管道，要定期排水冲洗，以确保管道内水质良好。要经常检查通气阀的运行状况，以免产生负压和水锤现象。

### （五）阀门管理要求

阀门启闭完好率应为100%。每季度应巡回检查一次所有的阀门，主要的输水管道上阀门每季度应检修、启闭一次。配水干管上的阀门每年应检修、启闭一次。

## 四、给水管网运行调度

### （一）城市供水调度的目标与任务

城市供水调度的目的是安全可靠地将符合水压和水质要求的水送往每个用户，并最大限度地降低供水系统的运行成本。既要全面保证管网的水压和水质，又要降低漏水损失和节省运行费用；不仅要控制水泵（包括加压泵站的水泵）、水池、水塔、阀门等的协调运行，并且要能够有效地监视、预报和处理事故；当管网服务区域内发生火灾、管道损坏、管网水质突发性污染、阀门等设备失控等意外事件时，能够通过水泵、阀门等的控制，及时改变部分区域的水压，隔离事故区域，或者启动水质净化或消毒等设备。

城市的供水管网往往随着用水量的增长而逐步形成多水源的供水系统，通常在管网中设有中间水池和加压泵站。多水源供水系统必须由调度管理部门，即调度中心及时了解整个供水系统的生产运行情况，采取有效的科学方法和强化措施，执行集中调度的任务。通过管网的集中调度，各水厂泵站不再只根据本厂水压的大小来启闭水泵，而是由调度中心按照管网控制点的水压确定各水厂和泵站运行水泵的台数。这样，既能保证管网所需的水压，又可避免因管网水压过高而浪费能量。通过调度管理，可以改善运转效果，降低供水的耗电量和生产运行成本。

调度管理部门是整个管网也是整个供水系统的管理中心，不仅要负责日常的运转管理，还要在管网发生事故时立即采取措施。要想做好调度工作，必须熟悉各水厂和泵站中的设备，掌握管网的特点，了解用户的用水情况。

### （二）城市供水调度系统组成

现代城市供水调度系统，就是应用自动检测、现代通信计算机网络和自动控制等现代信息技术，对影响供水系统全过程各环节的主要设备、运行参数进行实时监测、分析，提出调度控制依据或拟订调度方案，辅助供水调度人员及时掌握供水系统实际运行工况，并实施科学调度控制的自动化信息管理系统。

目前，国内外供水行业应用现代信息技术的调度系统，多数仍为由自动化信息管理系统辅助调度人员实施调度控制工作，属于一种开环信息管理控制系统（半自动控制系统）。只有当供水调度管理系统满足以下条件时：基础档案资料完备且准确，检测、通信、控制等技术及设备可靠，检测、控制点分布密度合理，与地理信息管理、专家分析系统有机结合后，才有可能实现真正的全自动化计算机调度。

城市供水调度系统由硬件系统和软件系统组成，可分为以下组成部分：

（1）数据采集与通信网络系统包括：检测水压、流量、水质等参数的传感器、变送器，信号隔离、转换、现场显示、防雷、抗干扰等设备，数据传输（有线或无线）设备与通信网络，数据处理、集中显示、记录打印等软硬件设备。通信网络应与水厂过程控制系统、供水企业生产调度中心等联通，并建立统一的接口标准与通信协议。

（2）数据库系统即调度系统的数据中心，与其他三部分具有紧密的数据联系，具有规范的数据格式（数据格式不统一时，要配置接口软件或硬件）和完善的数据管理功能。一般包括：地理信息系统（GIS），存放和处理管网系统所在地区的地形、建筑、地下管线等的图形数据；管网模型数据，存放和处理管网图及其构造和水力属性数据；实时状态数据，如各检测点的压力、流量、水质等数据，包括从水厂过程控制系统获得的水厂运行状态数据；调度决策数据，包括决策标准数据（如控制压力、水质等）、决策依据数据、计算中间数据（如用水量预测数据）、决策指令数据等；管理数据，即通过与供水企业管理系统接口获得的用水抄表、收费、管网维护、故障处理、生产核算成本等数据。

（3）调度决策系统是系统的指挥中心，又分为生产调度决策系统和事故处理系统。生产调度决策系统具有系统仿真、状态预测、优化等功能；事故处理系统则具有事件预警、侦测、报警、损失预估及最小化、状态恢复等功能，通常包括爆管事故处理和火灾事故处理两个基本模块。

（4）调度执行系统由各种执行设备或智能控制设备组成，可以分为开关执行系统和调节执行系统。开关执行系统控制设备的开关、启停等，如控制阀门的开闭、水泵机组的启停、消毒设备的运停等；调节执行系统控制阀门的开度、电机转速、消毒剂投量等，有开环调节和闭环调节两种形式。调度执行系统的核心是供水泵站控制系统，多数情况下，它也是水厂过程控制系统的组成部分。

以上划分是根据城市供水调度系统的功能和逻辑关系进行的，有些部分为硬件，有些则为软件，还有一些既包括硬件也包括软件。初期建设的调度系统不一定包括上述所有部分，根据情况，有些功能被简化或省略，有时不同部分可能共用软件或硬件，如用一台计算机进行调度决策兼数据库管理等。

## （三）城市供水调度 SCADA 系统

SCADA（Supervisory Control And Data Acquisition）是集成化的数据采集与监控系统，又称计算机四遥，包括遥测（telemetering）、遥控（telecontrol）、遥讯（telesignal）、遥调（teleadjusting）技术，在城市供水调度系统中得到广泛应用。它建立在 3C+S 技术基础上，与地理信息系统（GIS）、管网模拟仿真系统、优化调度等软件配合，可以组成完善的城市供水调度管理系统。

1. 城市供水调度 SCADA 系统组成

现代 SCADA 系统不但具有调度和过程自动化的功能，也具有管理信息化的功能，而且向着决策智能化方向发展。现代 SCADA 系统一般采用多层体系结构，可以分 3~4 层。

（1）设备层

设备层包括传感检测仪表、控制执行设备和人机接口等。设备层的设备安装于生产控制现场，直接与生产设备和操作工人相联系，感知生产状态与数据，并完成现场指示、显示与操作。在现代 SCADA 系统中，设备层也在逐步走向智能化和网络化。

城市供水调度 SCADA 系统的设备层具有分散程度高的特点，往往需要使用些自带通信接口的智能化检测与执行设备。

（2）控制层

控制层负责调度与控制指令的实施。控制层向下与设备层连接，接受设备层提供的工业过程状态信息，向设备层给出执行指令。对于具有一定规模的 SCADA 系统，控制层往往设有多个控制站（又称控制器或下位机），控制站之间联成控制网络，可以实现数据交换。控制层是 SCADA 系统可靠性的主要保证者，每个控制站应做到可以独立运行，至少可以保证生产过程不中断。

城市供水调度 SCADA 系统的控制层一般由可编程控制器（PLC）或远方终端（RTU）组成，有些控制站又属于水厂过程控制系统的组成部分。

（3）调度层

调度层实现监控系统的监视与调度决策。调度层往往是由多台计算机联成的局域网组成，一般分为监控站、维护站（工程师站）、决策站（调度站）、数据站（服务器）等。其中，监控站向下连接多个控制站，调度层各站可以通过局域网透明地使用各控制站的数据与画面；维护站可以实时修改各监控站及控制层的数据与程序；决策站可以实现监控站的整体优化和宏观决策（如调度指令、领导指示）等；数据站可以与信息层共用计算机或服务器，也可以设专用服务器。城市供水调度 SCADA 系统的调度层可与水厂过程控制系统的监控层合并建设。

（4）信息层

信息层提供信息服务与资源共享，包括与供水企业内部网络共享管理信息和水厂过程控制信息。信息层一般以广域网（如国际互联网）作为信息载体，使得一个 SCADA 系统的所有信息可以发布到全世界任何地方，也可以从全世界任何地方进行远程调度与维护。也可以说，全世界信息系统、控制系统可以联成一个网。这是现代 SCADA 系统发展的大趋势。

SCADA 系统应用的不断普及，得益于 3C + S（computer, communication, control, sensor）技术近年来的快速发展，了解这些技术的发展有利于 SCADA 系统应用水平的提高。

①计算机（computer）技术

近年来，计算机技术飞速发展，强大的硬件平台、不断更新的视窗操作系统支持着庞大的网络运行，可以处理大型的控制和信息处理任务。功能强大的计算机系统平台，使计算机得到了广泛的应用，更为构建高功能的 SCADA 系统创造了条件。

在 SCADA 系统中，计算机主要用作调度主机和数据服务器，近年来，国内外许多厂家都推出了基于 Windows 的 SCADA 组态软件。在这些软件平台上可以完成与城市供水调度相关的数据采集，提供了与多种控制或智能设备通信的驱动程序、动态数据交换（DDE）等功能，便于实现数据处理、数据显示和数据记录等工作，具有良好的图形化人机界面（MMI），以及趋势分析和控制功能，为优化调度、节能降耗提供了手段。计算机的网络功能使多级 SCADA 调度系统的建设和水厂过程控制系统、供水企业管理系统的一体化具备了条件。

②通信（communication）技术

SCADA 系统设计是否合理，与通信技术的选择有关。目前，各种通信技术发展迅速，这里只做简单介绍。

SCADA 系统中的通信可以分为三个层次：

A. 信息与管理层的通信。这是计算机之间的网络通信，实现计算机网络互联与扩展，获得远程访问服务。将 SCADA 联入互联网，不但可以享受公共网络的廉价服务，而且可以将控制与管理信息漫游到全世界，实现全球资源共享。

B. 控制层的通信。即控制设备与计算机，或控制设备之间的通信。这些通信多采用标准的测控总线技术，要根据控制设备的选型确定通信协议，也要求控制设备选型尽量统一，以便维护管理。

C. 设备底层的通信。即检测仪表、执行设备、现场显示仪表、人机界面等的通信。底层设备数字化，以替代传统的电流或电压信号连接。数字化设备之间的通信多采用串行通信，如 RS232C、RS485、RS422 等，而 USB（Universal Serial Bus）是近期推出的高效率、即插即用、热切换的接口通信协议，具有良好的应用前景。

根据数据传输方式，通信可以分为有线通信和无线通信两大类。选择不同的传输方式，对通信可靠性和通信成本有显著影响。

无线通信技术包括微波通信、短波通信、双向无线寻呼等，有些是公共数据网的应用，应用最多的是超短波 200MHz 的通信。当前正在发展的双向无线寻呼，是既可靠又廉价的通信手段，对城市供水调度 SCADA 中的测压点、井群等通信将会有十分重要的作用。

有线通信可以利用公共数据网进行，或通过电话、电力线进行载波通信，但成本非常高，只有短距离或要求可靠性高时采用。

③控制（control）技术

控制设备为 SCADA 系统的下位机，是城市供水调度执行系统的组成部分。控制设备在每一个 SCADA 系统中都会有若干台，对 SCADA 系统的可靠性和价格影响最大。

目前常用的控制设备有工控机（IPC）、远方终端（RTU）、可编程逻辑控制器（PLC）、单片机、智能设备等多种类型。

IPC 的软硬件与普通计算机相同，其本质还是计算机，具有大容量和高速数据处理能力，其软件十分丰富，有理想的界面，为开发者所熟悉。目前在城市供水调度 SCADA 系统中应用还不多见，但随着现场设备的数字化及与控制设备通信连接技术的发展（如 USB），IPC 的应用可能会不断增加。

PLC 是方便、易安装、易编程、高可靠性的技术产品。它提供高质量的硬件、高水平的系统软件平台和易学易懂的应用软件平台（用户平台），能与现场设备方便连接，特别适于逻辑控制和计时、计数等，多数产品还适用于复杂计算和闭环调节控制。PLC 一般用于构建城市供水调度 SCADA 的调度执行系统，特别是泵站的控制。

RTU 是介于 IPC 与 PLC 之间的产品，它既有 IPC 强大的数据处理能力，又具备 PLC 方便可靠的现场设备接口，特别是远程通信能力比较强。RTU 适于在城市供水调度 SCADA 系统完成较大型的或远程的控制任务。

单片机是一种廉价的控制设备，在追求低成本的情况下，单片机构成城市供水调度 SCADA 系统下位机已成为主流。单片机有多个系列，品种丰富，但在使用前都必须经过二次开发，需要进行逻辑设计、驱动设计、可靠性设计和软件开发等。单片机主要用于城市供水调度 SCADA 系统中的数据采集或小型的控制任务。近年来，现场总线技术（FCS）的发展又为单片机的应用带来了良好前景，可以解决复杂的通信控制任务，使得控制网络的构建非常简单，价格低廉。

④传感（sensor）技术

在城市供水调度 SCADA 系统的生产现场，安装有许多传感器，完成 SCADA 系统的数据采集任务。

传感器可分为智能型和非智能型两类。非智能型完成电量的标准化信号转换和非电量的理化数据向标准化电量信号转换。智能型传感器除完成上述非智能型传感器的工作之外，还具有上、下限报警设置、自诊断与校准、数据显示、简单数字逻辑控制等功能。最新的智能传感器大都具有某种现场总线功能，可以与 SCADA 系统的上位计算机或下位控制单元通信，构成 SCADA 系统的一个部分。

在城市供水调度 SCADA 系统中常用的传感器主要有水位、压力、流量、温度、湿度、浊度、余氯、电压、电流、功率、电度、功率因素及接近开关、限位开关、水位开关、继电器等。传感器在 SCADA 系统中数量相对较大，类型也很多，其可靠性提高是 SCADA 系统长期稳定工作的关键。

2. 管网测压点的布置

管网中的测压点是 SCADA 系统中的重要组成部分，合理布置测压点的位置和数量不仅可以节省投资，而且是供水服务质量的一个重要保证。

供水管网服务压力必须达到一定的水平，而管网压力又与漏失量直接相关，在其他外部条件相同的情况下，管网漏水率随服务压力的增大而增大。因此，管网系统中测压点的位置和数量应合理布置，以达到全面反映供水系统的管网服务压力分布状况，及时显示供水系统异常情况发生的位置、程度及其影响范围，监测管网运行工况，据此评估管网运行状态的目的。

为此，管网测压点应能够覆盖整个供水管网，每一个测压点都能代表附近地区的水压情况，真实反映管网的实际工作状况。由于供水支管水压往往受局部供水条件影响，不能反映该地区的供水压力实际情况，所以测压点须设在大中口径供水主干管上，不宜设在进户支管或有大量用水的用户附近，一般在以下地区设置管网测压点：

（1）每 $10km^2$ 供水面积需须设置一处测压点，供水面积不足 $10km^2$ 的，最少要设置两处。

（2）水厂、加压站等水源点附近地区。

（3）供水管网压力控制点、供水条件最不利点处，如干管末梢、地面标高特别高的地点。

（4）多水源供水管网的供水分界线附近。

（5）供水压力较易波动的集中大量用水地区。

（6）对用水有特定要求的国家要害部门。

### （四） 城市供水优化调度数学方法

城市供水优化调度的目标是在满足管网系统中各节点的用水量和供水压力条件下，合理地调度供水系统中各水厂供水泵站和水塔、水池的运行，达到供水成本最低的目标。

当供水系统中各水厂的生产成本相同时，达到供水电费最低。

城市供水优化调度的数学方法就是首先提出优化调度数学模型，其次采用适当的数学手段进行求解，最后用求解结果形成调度执行指令。目前，常用的数学方法可分为微观数学模型法和宏观数学模型法两种类型。

微观数学模型法将管网中尽可能多的管道和节点纳入模拟计算，通过管网水力分析，求解满足管网水力条件的最经济压力分布，优选最适合该压力分布方案的水泵组合及调速运行模式。微观数学模型与管网的物理相似性很好，但其计算时间较长，数据准备工作量很大。

宏观数学模型法不考虑泵站和测压点之间实际管网的物理连接，而是用假想的简化管网将它们连接起来，甚至完全不考虑它们之间的物理连接，而是通过统计数学或人工智能等手段确定它们之间的水力关系，并由此计算确定优化调度方案。宏观数学模型比较简单，计算速度快，但模型参数不易准确，需要较长时期的数据积累和模型校验。而且，一旦管网进行改造和扩建，宏观数学模型就需要重新调整和校验。

管网建模是建立供水管网水力模型的简称，是研究和解决管网问题的重要数学手段。管网优化调度技术的成功运用有两个重要基础：一是调度时段用水量的准确预测，二是建立准确的管网水力模型。如果它们不准确，再好的优化调度算法也是没有意义的。

1. 管网建模的基础工作

做好管网基础资料的收集、整理和核对工作，是管网建模工作的基础。管网建模与建立管网地理信息系统（GIS）相结合是发展方向。

2. 管网模型的表达

正确合理的管网模型表达方法是重要的，国外在此方面的研究已经很成熟，值得借鉴。国内对于管网模型的概念体系已经基本建立，但一些特殊的水力元件（如减压阀等）还无法处理，模型表达的数据格式和标准化编码还有待研究。

3. 模型的校核与修正

由于管网模型准确性有待提高和管网构造本身的变化与发展，管网模型要经常进行校核和修正。较为理想的是采用动态模型技术，即通过各种检测、分析和计算手段，在管网运行中，实时地验证管网模型的准确性，并随时修正。为了检测管网运行的实际状态，必须安装各种压力和流量检测设备，如果利用管网模型进行的调度计算所得结果与实测值不一致，要根据误差进行模型修正。

管网优化调度的宏观模型法，就是建立一种高度抽象的管网动态模型，因为其模型较微观模型具有更大的不确定性，必须在调度运行过程中不断修正。

## （五）城市供水运行调度管理

1. 运行调度管理机构

我国目前运行调度管理机构大致有两种类型：对整个制、配水体系由单一中心运行调度机构进行统一、集中调度管理，称为一级调度管理系统，适用于小型城市；对生产、配水系统分别通过水厂运行调度和中心运行调度二级机构进行相对独立又相互联系的调度管理，称为二级调度管理系统，适用于大中城市。

尽管城市供水行业的调度机构形式不一，但就其内在联系而言，都承担着水厂（泵站）的运行管理、管网运行管理，以及对两者进行协调和对本地区的供水进行统一调度这三种工作职能。依据这三种工作职能，有条件时宜设置水厂（泵站）运行调度和中心运行调度并存的调度机构。

## 2. 运行调度岗位职责

（1）水厂（泵站）运行调度岗位职责

①运行调度的范围为取水、输水和净化工艺设施。

②编制和实施净水系统的运行方式。

③执行中心运行调度指令。

④分析水质、水量、水压、能耗等经济指标，提出改进水厂经济运行的措施。

（2）调度中心运行调度岗位职责

①运行调度的范围包括送水设备（含管网加压泵站）、出厂（站）阀门、输配水管网。

②编制和实施供水系统的运行方案。

③协调水厂运行和管网运行之间的关系，制订和实施因管道工程施工须大面积降压、停水的运行调度方案。

④负责或组织安排调度系统内有关软件系统与硬件设备管理、维护和检修。

⑤全面分析水质、水量、水压、电耗、药耗等经济指标，提出改进供水系统运行的措施。

## 3. 运行调度岗位人员要求

调度人员须具有一定的给水排水、电气及计算机专业知识；掌握调度工作的基本原理和工作标准；了解城市供、用水量及水压的变化规律；熟悉国家对水质、水压、电耗的要求与标准；能够依据公司生产计划，制订合理、经济的调度方案。同时，依据其调度权限、职责的不同，调度人员还应达到相应的技术要求：

（1）水厂（泵站）运行调度人员，应熟悉本厂（站）的生产能力、生产工艺过程、电气设备一次接线图、设备性能及状况、厂（站）管道阀门布置及供水范围、水量的曲线计算及经济运行中的有关技术参数等。

（2）中心运行调度人员，应熟悉系统内所属各水厂（泵站）的生产能力、生产工艺过程设施状况、专（备）用电源的线路图、供水管道和阀门的布置、供水范围，掌握管道工程施工及维修的工程量、工程进度，以及所影响的供水范围。

## 4. 调度事件管理

调度事件主要指因实际需要或意外因素，对供水设施进行检修（包括计划检修、临时检修和事故处理检修），从而导致供水管网降压甚至停水。

调度事件的申报注销与变更应遵循以下原则：

（1）凡因检修需要而将导致水厂（泵站）、管网降压、停水，须由水厂（泵站）运行调度人员事先向中心运行调度提出申请，由中心运行调度统一安排。

（2）为了减少检修次数，保证正常供水，在安排设备检修时，应对水厂、泵站、供电及管网进行全盘考虑，尽可能地使各项检修工作同步进行。

（3）检修、降压、停水工作应尽量做到有计划地安排，并依据其影响的程度和范围，至少在工作实施的前一天，通过报纸、电视、网站等传媒或人工通知到用户，以便用户能及时地安排好生产和生活。

（4）突发性事故发生时，应边进行紧急检修，边利用传媒或人工尽可能地通知到用户。必要时用水车送水到户。

（5）已安排的检修、降压、停水事件，如因特殊原因需要注销或变更时，应迅速告知用户。再次进行此项工作时，应重新办理有关手续。

5. 运行调度规章制度

为实现城市供水调度目标，保证城市供水安全，运行调度一般应遵守：运行值班制度，交接班制度，调度事件的申报、注销与变更制度，调度指令下达与执行情况考核制度，调度设备维护管理制度，阀门调度管理制度，安全防火制度。

# 第二节　排水管网维护与运行管理

排水管网是城市重要的基础设施之一，是城市水污染防治、排渍防涝和防洪的骨干工程，担负着收集城市生活污水和工业生产废水、及时排除城区雨水的任务，是保证城市正常运转的重要生命线。城市排水管网系统是一个结构复杂、规模庞大、随机性强的巨型网络系统，它由收集管网、提升泵站、输送干线、污水处理排放与回用系统组成。目前，城镇化急剧膨胀，排水管道建设日益加速，旧城区的管道系统逐渐老化，已有管网缺乏维护管理，很多排水管道不能健康运行。排水管道的健康问题直接威胁道路交通、地下管线及附近建（构）筑物的安全，污染土质和地下水，影响城市的正常运行。

## 一、排水管网维护工作

排水管网日常维护的最终目的是管道设施完好无损、管通水畅，保障城市排水、交通（包括车辆、人员）安全。

排水管网日常维护工作主要包括管道的巡视和检查，检查井及雨水口的清掏，沟渠的疏通作业，损坏设施的修复，排水用户接管检查等。

## （一）检查井、雨水口养护

检查井是排水管中连接上下游管道并供养护工人检查维护和进入管内的构筑物。检查井的养护包括对井盖安全性的检查、井内沉泥的清除等内容。

铸铁井盖和雨水箅宜加装防丢失的装置，优先采用防盗型井盖，或采用混凝土、塑料树脂等非金属材料的井盖。井盖的标志必须与管道的属性相一致。雨水、污水、雨污合流管道的井盖上应分别标注"雨水""污水""合流"等标志。井盖在车辆经过时不应出现跳动和声响。

井盖下沉是检查井养护中的常见问题。传统的井框坐落在井筒上，车辆荷载也都压在井筒上，造成检查井下沉，路面凹陷。近年来，上海开始在一些重车道路上试用一种称为大盖板的分离式井盖，将荷载通过混凝土大盖板传递到路基上，并取得一定效果。与此同时，在推广塑料检查井时也采用了这种大盖板。但大盖板的尺寸很大（有 2m×2m），不仅笨重，而且占用了很多地下空间，影响其他管线的施工和维护，加上施工时间长、成本高，所以实际应用并不多。

针对井盖下沉的情况，近年来，上海市市政工程管理部门开始推广一种称为自调试井盖的新型井盖。自调试井盖最早用于德国等欧洲国家，其井座与井筒分离，通过顶部的宽边将车辆荷载直接传递给路面。由于路面的材料强度远远大于路基强度，所以不需要像大盖板那样做得很大。上海的自调试井盖采用混凝土和球墨铸铁的混合结构，不仅平整、不下沉，而且防盗。

开启与关闭检查井井盖是经常性的养护工作，井盖开启严禁直接用手操作，开启必须采取相应安全措施，立即加盖安全网盖或设置安全护栏，白天应加挂三角红旗，夜间应加点红灯或设置反光锥。日常维护中，经常会遇到井盖被卡死在井框内的情况，即便使用撬棒、大锤仍很难打开。这不仅消耗了工人的体力也浪费了宝贵的时间。目前有一种液压开盖器，是由一小段槽钢制成，前端支点搁在井盖上，中间的吊钩钩住井盖开启孔，只须按动尾端力点下面的千斤顶就能把卡死的井盖轻松打开。上海市排水管理处在德国的杠杆式开盖器的启发下，研制成这种液压开盖器并批量生产。

雨水口是用于收集地面雨水的构筑物。雨水箅是安装在雨水口上部带格栅的盖板，它既能拦截垃圾、防止坠落，又能让雨水通过。为防止雨水箅被盗，常将金属雨水箅更换成非金属材料雨水箅，雨水箅更换后的过水断面不得小于原设计标准，避免过水断面减少，影响排水效果。目前在实际应用中，效果不佳。

在合流制地区，雨水口异臭是影响城镇环境的一个突出问题。国外的解决方法是在雨水口内安装防臭挡板或水封。安装水封也有两种做法：一是采用带水封的预制雨水口，二是给普通雨水口加装塑料水封。水封的缺点是在少雨的季节里会因缺水而失效。

在德国的许多城市，雨水口内都装有一个用镀锌铁皮做的用来拦截垃圾的网篮，有圆形的和椭圆形两种，还装有把手。网篮下部有细的排水孔，上部四周有较大的排水孔用来排除雨水。平时烟头、树叶、垃圾被尽收其中，养护工人只须定期开车把网篮中的垃圾倒入车中，省去了清掏作业，简单，省力。

目前，上海也研制成功一种类似的网篮并通过水务局组织的专家鉴定。该网篮用聚丙烯塑料制成，网篮缝隙宽 1.6mm，拦截率为 83%，雨后 3d 截污含水率<60%，养护周期为三个半月。

## （二）清掏作业

排水管道及附属构筑物的清掏作业的工作量很大，通常要占整个养护工作的 60%～70%。管道、检查井和雨水口内不得留有石块等阻碍排水的杂物。我国清掏检查井和雨水口的技术数十年来几乎没有大的改变，除少数发达城市外，大部分城镇依旧沿用大铁勺、铁铲等手工工具，工作效率低，劳动强度大，安全隐患多。在有条件的地方，检查井和雨水口的清掏宜采用吸泥车、抓泥车等机械作业。

吸泥车按工作原理可分为真空式、风机式和混合式三种。

### 1. 真空式吸泥车

采用气体静压原理，工作过程是由真空泵抽去储泥罐内的空气，产生负压，利用大气压力把井下的泥水吸进储泥罐。真空式吸泥适用于管道满水的场合，抽泥深度受大气压限制。真空式吸泥车的吸泥管可以插入水面以下吸泥，理论上，在一个大气压下总吸水高度不能超过 10m；但实际上，由于受到机械损耗和车辆本身高度影响，最多只能吸取井深小于 5m 井底的污泥，且一旦吸入空气后真空度下降较快。

### 2. 风机式吸泥车

采用空气动力学原理，适用于管道少水的场合，抽泥深度不受真空度限制。利用高速气流产生真空，吸泥管插入水下则无法工作，故受高水位地区影响较大，但总吸水深度不受 10m 水真空度的限制，吸入空气后对真空度影响不大。

### 3. 混合式吸泥车

采用大功率真空泵，兼有储气罐产生高负压和吸泥产生较强气流的功能，适用于管道满水和少水的场合，抽泥深度不受真空度限制。

在井内，泥和水处在分离而非混合状态，泥沉积在井底，水的流动性比泥流动性好很多，所以所吸污泥含水率很高，效率不高。为了克服所吸污泥含水率高的问题，近年来，广州、上海等城市在采用吸泥车的同时还开始使用抓泥车并取得很好的效果。抓泥车装有液压抓斗，价格低，车型比吸泥车小，对道路交通的影响小，污泥含水率也比吸泥车低许多，但最后的剩余污泥很难抓干净，且只有在带沉泥槽的井里才能发挥优势。为适应抓泥车养护的需要，排水行业管理部门专门发了指导意见，要求在新建、改建雨水排水管道时，要求每隔 2 座井设 1 座沉泥槽深度达 1m 的落底井。

## （三）管道疏通

管道疏通离不开疏通工具，通沟器（俗称通沟牛）是一种在钢索的牵引下，用于清除管道积泥的除泥工具，形式有桶形、铲形、圆刷形等。《城镇排水管道与泵站维护技术规程》中规定了各种疏通方法和实用条件。

### 1. 绞车疏通

绞车疏通是采用绞车牵引通沟器清除管道积泥的疏通方法。绞车疏通在我国已有上百年历史了，目前仍旧是许多城市管道的主要疏通方法。其主要设备包括绞车、滑轮架和通沟牛。绞车可分为手动和机动两种。其中，滑轮架的作用是避免钢索与管口、井口直接摩擦，通沟牛的作用是把污泥等沉积物从管内拉出来。由于管内沉积物的性质和数量不同（如建筑工地排放的泥浆沉积物），存在着将通沟牛按从小到大的顺序，反复疏通的情况，专业上把这种作业称"复摇"。

在绞车疏通时，为了防止井口和管口被钢索磨损，也为了延长钢索的使用寿命，必须使用滑轮架来加以保护。我国的滑轮架目前大多用角钢或钢管整体制成，长度有 2m、3m、4m 不等，将笨重的滑轮放入井内或从检查井中取出须耗费大量体力。国外普遍采用分体式滑轮，搁在井口，下滑轮用钢管固定在管口。

### 2. 推杆疏通

推杆疏通是一种用人力将竹片、钢条等工具推入管道内清除堵塞的疏通方法，按推杆的不同，又分为竹片疏通或钢条疏通等。

### 3. 转杆疏通

转杆疏通是采用旋转疏通杆的方式来清除管道堵塞的疏通方法，又称为轴疏通或弹簧疏通。转杆疏通机按动力不同可分为手动、电动和内燃几种。目前，我国生产的只有手动和电动两种。电动疏通机在室外使用时供电比较麻烦。转杆机配有不同功能的钻头，用以疏通树根、泥沙、布条等不同堵塞物，其效果比推杆疏通更好。

### 4. 射水疏通

射水疏通是采用高压射水清通管道的疏通方法。因其效率高、疏通质量好，近20年来已被我国许多城市逐步采用。不少城市还进口了融射水与真空吸泥为一体的联合吸污车，有些还具备水循环利用的功能，将吸入的污水过滤后再用于射水。射水疏通在支管等小型管中效果特别好，但是在管道水位高的情况下，由于射流速度受到水的阻挡，疏通效果会大大降低。多数射水车的水压都在14.7MPa左右，少数可达19.6MPa，在非满管流的情况下能较好地清除一般管壁油垢和管道污泥。

### 5. 水力疏通

水力疏通就是采用提高管渠上下游水位差，加大流速来疏通管渠的一种方法。水力疏通具有设备简单、效率高、疏通质量好、成本低、能耗省、适用范围广的优点。水力疏通一般可采用以下方式来达到加大流速的目的：在管道中安装自动或手动闸门，蓄高水位后突然开启闸门形成大流速；暂停提升泵站运转，蓄高水位后再集中开泵形成大流速；施放水力疏通浮球的方法来减少过水断面，达到加大流速清除污泥的目的。

水力疏通优点很多，但缺点也明显，主要是：

（1）容易发生逃"牛"，容易将泥沙冲入泵站的泵排系统中，造成泵机故障或损坏。

（2）在泵排系统中，需泵站进行配合，在管、泵分别管理体制下，协调困难。

（3）在直排江河的排水系统中，如无特别的措施，将增加排入江河的泥沙量，对环境有一定污染，目前这种方法使用不多，在我国上海已不再使用。

## （四）管道封堵

在进行管道检测、疏通、修理等施工作业之前大多需要封堵原有管道。传统的封堵方法如麻袋封堵、砖墙封堵等存在工期长、工作条件差、封堵成本高、拆除困难等缺点。近年来，充气管塞的研制和应用在国外发展很快。

充气管塞使用方便，只须清除管底污泥，将管塞放入管口，充气，然后加上防滑动支撑。在正常情况下，封堵一个1500mm的管道只需半个多小时。拆除封堵则更加方便，而且不会像拆除砖墙那样留下断墙残坝影响管道排水。充气管塞主要由橡胶加高强度尼龙线制成，配有充气嘴、阀门、胶管、压力表等。按膨胀率不同充气管塞可分为单一尺寸的和多尺寸的两种。单一尺寸的一个管塞只能用于一个管径，国产充气管塞大多属于这种。多尺寸的一个管塞可用于多种管径，如一个小号管塞可分别用于300~600mm任何尺寸的管道，一个中号管塞可分别用于600~1000mm任何尺寸的管道。

按功能不同，充气管塞还可分为封堵型、过水型（又称旁通型）和检测型等几种。过水型管塞能将上游来水经过旁通管接通下游管道，在一定程度上解决了施工期间的临时排水问题。检测型管塞则可用来检测管道渗漏及管道验收前的闭水试验或闭气试验。尽管多尺寸管塞的价格较贵，而且需要进口，但由于其优异的性能和广泛的用途，多尺寸管塞在江、浙、沪地区还是受到排水施工单位的青睐。

使用充气管塞要注意的事项：

（1）注意阅读产品出厂说明中的背水压力值，防止出现因背水压力超过管塞与管道的摩擦力时发生的滑动，造成人员或设备的损失。

（2）必须在产品规定的充气压力范围内，防止发生爆炸。

（3）充气管塞在使用中会发生缓慢漏气现象，需要加强观察补气，故仅适用于短时间的且无人员在管道内的作业。

## （五）井下作业

井下清淤作业宜采用机械作业方法，并应严格控制人员进入管道内作业。井下作业必须严格执行作业制度，履行审批手续，下井作业人员必须经过专业安全技术培训、考核，具备下井作业资格，并应掌握人工急救技能和防护用具、照明、通信设备的使用方法。严格按照现行行业标准《排水管道维护安全技术规程》的规定操作、执行。井下作业前，应开启作业井盖和其上下游井盖进行自然通风，且通风时间不应小于30min。当排水管道经过自然通风后，井下的空气含氧量不得低于19.5%，否则应进行机械通风。管道内机械通风的平均风速不应小于0.8m/s。有毒有害、易燃易爆气体浓度变化较大的作业场所应连续进行机械通风。

下井作业前，应对作业人员进行安全交底，告知作业内容和安全防护措施及自救互救的方法，做好管道的降水、通风及照明、通信等工作，检测管道内有害气体。作业人员应佩戴提供压缩空气的隔离式防毒面具、安全带、安全绳、安全帽等防护用品。

井下作业时，必须配备气体检测仪器和井下作业专用工具，并培训作业人员掌握正确的使用方法。井下作业时，必须进行连续气体检测，井室内应设置专人呼应和监护。下井人员连续作业时间不得超过1h。

## （六）排水管道检查

排水管道检查可分为管道状况巡查、移交接管检查和应急事故检查等。管线日常巡查的内容主要包括及时发现和处理污水冒溢、管道塌陷、违章占压、违章排放、私自接管等情况及影响排水管道运行安全的管线施工、桩基施工等。对完成新建、改建、维修或新管接入等工程措施的排水管道，在向排水管道管理单位移交投入使用之前，应进行接管检查，结构完好、管道畅通的，接管单位可接管并正式投入使用。排水管道应急事故时，经检修、清通后，管理维护部门也须对管道内的状况进行应急检查。管道检查项目可分为功能状况和结构状况两类：功能状况检测是对管道畅通程度的检测；结构状况检测是对管道结构完好程度的检查，例如，管道接头、管壁、管基础状况等，与管道的结构强度和使用寿命密切相关。

管道功能状况检查的方法相对简单，加上管道积泥情况变化较快，所以功能性状况的普查周期较短；管道结构状况变化较慢，检查技术复杂且费用较高，故检查周期较长，德国一般采用 8 年，日本采用 5~10 年。在实施结构性检测前应对管道进行疏通清洗，管道内壁应无泥土覆盖。

排水管道检查可采用电视检查、声呐检测、反光镜检查、人员进入管道、水力坡降检查、潜水检查等方法进行。

## 1. 电视检查

管网健康检查一般采用管道内窥电视检测系统，即 CCTV（Closed Circuit Television）检测。电视检测是采用远程采集图像，通过有线传输方式，对管道内状况进行显示和记录的检测方法。该系统出现于 20 世纪 50 年代，到 80 年代此项技术基本成熟。CCTV 可以进入管道内进行摄像记录，技术人员根据检测录像进行管道状况的判读，可以确定下一步管道修复采用哪种方法比较合适。

通常，CCTV 系统有自走式和牵引式两种，其中，自走式系统较为常见。电视检测时应控制管内水位不宜大于直径的 20%。在对每一段管道开拍前，必须先拍摄看板图像，看板上应写明道路或被检对象所在地名称、起点和终点编号、属性、管径及时间等。爬行器的行进方向应与水流方向一致。管径小于等于 200mm 时，直向摄影的行进速度不宜超过 0.1m/s；大于 200mm 时，直向摄影的行进速度不宜超过 0.15m/s。圆形或矩形排水管道摄像镜头移动轨迹应在管道中轴线上，蛋形管道摄像镜头移动轨迹应在管道高度 2/3 的中央位置，偏离不应大于 ±10%。影像判读时应在现场确认并录入缺陷的类型和代码。剪辑图像应采用现场抓取最佳角度和最清晰图片的方式，特殊情况下也可采用观看录像抓取图片的方式。

## 2. 声呐检查

声呐是一种利用水中声波对水下目标进行探测、定位的电子设备。最早用于海军，以后扩大到海洋地貌、鱼群探测等领域，用于排水管道检测的时间还不长，主要用于管道水下功能性检测。声呐检测可与电视检测同步进行。电视检测必须在水面以上的环境中才能使用，而声呐则可以在高水位的管道中工作。在排水管道检测中，如果管道中充满水，那么管道中的能见度几乎为零，故无法直接采用 CCTV 进行检测。声呐技术正好可以克服此难点。将声呐检测仪的传感器浸入水中进行检测。和 CCTV 不同，声呐系统采用一个适当的角度对管道内进行检测，声呐探头快速旋转，向外发射声呐波，然后接收被管壁或管中物反射的信号，经计算机处理后，形成管道纵横断面图。

用于管道检测的管道声呐装置主要由声呐头、线缆、显示器等部分组成。每种技术都有它的适用范围，虽然声呐图像不能反映裂缝等管道缺陷，但在检查管道变形、管道积泥等方面非常准确。近年来，上海市排水管理处都会定期采用声呐技术对各区排水管道的积泥状况进行检查考核，并取得满意的效果。

声呐探头的推进方向应与流向一致，探头行进速度不宜超过 0.1m/s。声呐检测时管内水深不宜小于 300mm。声呐系统的主要技术参数包括：反射的最大范围不小于 3m，125mm 范围的分辨率应小于 0.5mm，均匀采样点数量应大于 250 个。检测前应从被检测管道中取水样，通过调整声波速度对系统进行校准。在进入每段管道记录图像前，必须录入地名和被测管道的起点、终点编号。

### 3. 人员进入管内检查

对人员进入管内检查的管道，其直径不得小于 800mm，流速不得大于 0.5m/s，水深不得大于 0.5m。人员进入管内检查宜采用摄影或摄像的记录方式。

### 4. 潜水检查

采用潜水检查的管道，其管径不得小于 1200mm，流速不得大于 0.5m/s。从事管道潜水检查作业的单位和潜水员必须具有特种作业资质。

### 5. 水力坡降检查

水力坡降检查在国外经常被用来调查管道的水力状况，在上海也经常被用来帮助确定管道堵塞的位置并取得很好的效果。水力坡降检查前，应查明管道的管径、管底高程、地面高程和检查井之间的距离等基础资料。水力坡降检测应选择在低水位时进行。泵站抽水范围内的管道，也可从开泵前的静止水位开始，分别测出开泵后不同时间水力坡降线的变化，同一条水力坡降线的各个测点必须在同一个时间测得。测量结果应绘成水力坡降图，坡降图的竖向比例应大于横向比例。

具体做法是先绘制一张标有检查井位置的被调查管线流向图，并查明管径、相关检查井之间的间距、地面高程和管底高程，如果查不到高程资料则须实地补测。试验当日先停开下游泵站，让管道水位抬高，同时安排测量人员在各自负责的检查井测量水位。泵站停开时各测点的水位应该是一条水平线，泵站开车后每隔 5~10min 各测量点同时测量一次水位，连续测量 1~2h。最后绘制抽水试验图并进行分析。抽水试验图中应包括地面高程线、管顶高程线、管底高程线和数条不同时间的液面坡降线。如果最终的液面坡降线与管底坡降线大致平行，则说明管道没有明显堵塞；如果某一管道的最终液面坡降线明显变陡，则说明该管道中有堵塞。测量点越密，精度越高。

6. 混接排查

我国的分流制排水系统中大多存在雨、污水混接的情况。污水接入雨水管会污染水体，雨水接入污水管则无谓地增加了污水处理厂的处理量。国外通常采用染色试验和烟雾试验来发现雨、污水混接。染色试验的方法是将染色剂倒入污水管，接着打开相邻的雨水井盖观察，如果在雨水管中发现颜色，则说明有雨、污水混接存在，高锰酸钾是可选用的染色剂之一。

烟雾试验是以专用送风机将烟雾发生器产生的烟雾送入检查井，如果在不应该出现烟雾的地方有烟雾冒出，则表明存在混接，或管道中有裂缝或泄漏。

7. 电子测漏

在地下水位高的地区，在设计污水管流量时一般都要加上 10% 的地下水渗入量。同济大学的一项研究表明：在上海中心城区旧管道中，地下水的渗入量有时竟高达 30%。

有些污水处理厂的进水 COD 浓度只有 150mg/L 左右，一个重要原因就是地下水渗入。

目前，调查地下水渗入的方法有供排水量对比法、水桶测量法、COD 浓度对比法、温度对比法、电视检测法等。这些方法大多存在工作量大、准确率不高等问题。

近年来，国外开始应用电流法检测排水管道渗漏，其中就有一种名为 FELL 的技术。FELL 是 Fast Electro-Scan Leak Locator 五个单词中的四个首字母：快速、电子、泄漏、定位仪的缩写。该技术的原理是通过管壁电阻变化来确定漏点的位置。

FELL 具有以下技术特点：

（1）操作简便、快速，一次检测即可探测管道内所有错接、破裂等泄漏点。

（2）精确定位管道缺陷（精度 2cm）。

（3）成本低，效率高，成本仅为 CCTV 检测的 1/4，效率为 CCTV 检测的 3 倍。

上海曾经采用该技术做过一些试验，由于经验不足和环境信号干扰等，目前在试验精度方面还存在一些问题。

8. 对用户接管的审批和监督

为加强对用户排水许可的管理，排水管理部门应严格按照住房和城乡建设部《城市排水许可管理办法》的规定，对用户排水许可进行管理。用户须排水时，应到排水管理部门进行申报登记，根据水质水量、图纸资料情况办理排水许可证，由排水管理部门统一制订排水方案，用户不得乱接管道、私接进入市政排水管道，确保雨、污水完全分流。在用户排水管道出口设置水质检测井，对重点工业企业排水应设置水质在线监测装置，确保用户排水水质达标。居民区住户接管时要审查并检验水质、核算水量、确认连通管道的位置和接管方法，同时进行监督和指导施工。用户接入管道一般要求接入检查井与井中管线管顶平接，具体要求如下：

（1）有粪便污水的出户管只能与污水管或合流管直接连接。

（2）不管是雨水还是污水，出户管均不得接入雨水口内。

（3）污水出户管不得接入雨水管道，雨水出户管不得接入污水管道，合流出户管接入污水管道时必须有截流设施。

# 二、排水管理和管网地理信息系统

城市排水管理是"水务"管理的主要内容之一，内容复杂，时间和空间跨度大，既包括前期排水系统的规划设计、建设管理，还包括建成后的维护、运营调度、设施与设备管理、防汛调度与决策指挥、水质监测与污水处理、执法管理等。在我国，城市排水管理模式正处于变革之中，随着"城市水务"概念的引入，城市排水管理朝市场化、信息化方向发展。

地理信息系统（Geographic Information System，简称GIS）是对具有空间特征的管网信息进行分析、利用和管理的有效工具。像城市给水管网信息系统一样，排水管网信息获取与处理是最合适也最需要应用地理信息系统的领域之一。根据管网信息系统数据库、水力数据和优化运行模型的计算结果制订决策方案，将彻底改变人为管理、经验决策的运行局面，建立GIS排水管网信息系统的意义。

## （一）建立信息库、方便信息查询

利用地理信息系统的数据采集功能，可以提高排水管网信息获取的效率，方便地将多种数据源、多种类型的排水管网信息集成到地理信息系统的空间数据库中。为规范数据采集行为，上海市水务局还专门制定了《排水设施地理信息数据维护技术规定》，为数据质量提供了技术保障；利用地理信息的数据编辑功能，通过友好的用户界面，可对图形和属性数据进行增添、删除、修改等操作，以及复杂目标的编辑、图形动态拖动旋转拷贝、自动建立拓扑关系和维护图形与属性的对应关系；利用地理信息系统的信息查询功能，可以迅速提供用户所需要的各种管网信息（包括空间信息、属性信息、统计信息等），且查询方式可以是多种多样的，如表达式查询、图形方式、坐标方式、拓扑方式等；利用地理信息系统的数据库管理功能，可自动管理大量排水管网数据，并进行管网数据库创建数据库操作、数据库维护等工作，还可以调用任何连续空间的管网数据；利用地理信息系统的统计制图功能，可将大量抽象的管网信息变成直观的管网专题地图或统计地图，形象地展示出排水管网专题内容、管网空间分布与数据统计规律；利用地理信息系统的空间分析功能，可以从管网目标之间的空间关系中获取派生的信息和新知识，以满足管网信息分析的各种实际需要；利用地理信息系统的专业模型应用功能，可进行管网预测、评价、规划、模拟和决策；利用地理信息系统的演示输出功能，可支持多媒体演示及基于多种介质的管网信息输出，还可用可视化方法生成各种风格的菜单、对话框等。

### （二）实时监测、动态管理

通过信息管理系统能实现对运行排水泵站水泵开停机运转情况、集水井水位变化降雨情况及系统内积水敏感地（如低洼地、下立交地道的积水情况）等实时监测，为指挥调度，调整排水系统运行方案及时提供决策依据。同时也可在工程作业车上安装 GPS 定位系统，跟踪抢险车辆运行轨迹，指挥车辆走最佳路线，迅速赶到抢险救灾现场等。

### （三）优化设计、节省投资

在传统的排水管网设计方法中，设计者虽然根据经验进行初步优化选择，并尽量使设计达到技术上先进、经济上合理，但其技术经济分析一般仅考虑几个不同布置形式的比较方案，且不考虑同一布置形式下不同设计参数组合的方案比较。要想从根本上解决排水管网设计优化问题，以节省投资，须建立数学模型进行优化设计。另外，排水管网的优化设计应从整个排水系统角度考虑，而不是单独某一管道的优化，因此须准确掌握城市整体排水管网系统的现状。

### （四）科学决策与分析

只有建立优化分析系统，才能进行科学决策分析，这包括投资决策、事故分析和重大设计决策等。例如，在确定排水管渠系统投资标准时，应进行技术经济评价和风险性分析，投资决策部门或投资者要平衡提高投资标准获得的效益与降低投资标准可能造成的经济损失及给社会造成的危害。

## 三、排水管网地理信息系统数据库的建立

地理信息系统能够描述与空间和地理分布有关的数据，基于 GIS 技术的排水管网信息

管理系统将基础地理信息和排水管网信息有效地融为一体，以实现对排水管网的动态管理和维护。

建立排水管网地理信息系统首先需要对辖区排水管网进行普查，获取基础数据的准确性、全面性是以后各项工作的基础。排水管网普查主要采用物探、测量等方法查明排水管道现状，包括的内容有排水管线和窨井的空间位置、埋深、形状、尺寸、材质，窨井及附属设施的大小等。我国较早就开展了地下管线普查的工作，经过多年的发展和积累，管线普查已经形成了成熟的技术标准和规范，为排水管网普查和数据采集奠定了基础。排水管网普查涉及物探、测绘、计算机、地理信息等多专业的综合性系统工程，包括排水管线探查、排水管线测量、建立排水管线数据库、编制排水管线图、工程监理和验收等部分。

建立基于 GIS 的排水管网信息管理系统。排水管网信息系统是在硬件、软件和网络的支持下，对排水管线普查信息进行存储、分析管理和提供用户应用的技术系统，是体现普查成果的最终方式，保持成果实用性的有效手段。因此，建立该系统是排水管网普查后实现管网数据科学化管理的保证。排水管网信息管理系统包含的功能有数据检查、数据入库和编辑、地图管理、查询与统计、空间分析、排水管道检测管理、管道养护管理、数据输出、用户管理等。

# 第三节　管道检测评估与非开挖修复工程

## 一、管道检测评估技术

### （一）排水管道检测评估技术

#### 1. 管道检测基本知识

管道检测按照检测时间及检测内容可分为管道状况普查、移交接管检测、应急事故检测三种模式，如表 5-1 所示。移交接管检测是针对新建管道进行检测，随着管道内窥摄像检测技术的发展，移交接管检测已经成为新建管道验收的重要依据。应急事故检测是针对发生事故的老旧管道进行检测，属于被动的应急检测。管道状况普查模式是针对老旧管道进行检测，它是目前国内大力推广的检测模式，是主动性检测，同时也表明了现阶段国家对地下排水管网的重视。

表 5-1 管道检测模式

| 管道检测模式 | 检测内容 | | 检测时间 |
|---|---|---|---|
| | 功能性检测 | 结构性检测 | |
| 管道状况普查 | 沉积、结垢、障碍物、残墙、坝根、树根、浮渣等 | 破裂、变形、腐蚀、错口、脱节、起伏、接口材料脱落、支管暗接、异物穿入、渗漏等 | 以功能性状况为目的的普查周期宜采用1~2年；以结构性状况为目的的普查周期宜采用5~10年，流沙地区、管龄30年以上的管道、施工质量差的管道和重要管道普查周期可相应缩短 |
| 移交接管检测 | 沉积、障碍物、残墙等 | 破裂、变形、腐蚀、错口、脱节、起伏、接口材料脱落、支管暗接、异物穿入、渗漏等 | 新建管道验收前 |
| 应急事故检测 | 沉积、结垢、障碍物、残墙等 | 破裂、变形、腐蚀、错口、脱节、起伏、接口材料脱落、支管暗接、异物穿入、渗漏等 | 事故发生后 |

管道检测技术包括传统检测技术、潜望镜检测技术、声呐检测技术及 CCTV 检测技术。各种检测技术的特点不同，适合于不同的应用（如表 5-2 所示）。选用检测技术时应根据具体使用范围、检测目的、检测成本或者综合应用各种检测技术。

表 5-2 管道检测技术

| 管道检测技术 | 技术特点 | 应用范围 |
|---|---|---|
| 传统检测技术 | 大口径管道检测，可采用工具量测缺陷位置及尺寸，主要应用于大管径管道检测 | 管道初步检测、详细检测、日常维护性检测 |
| 潜望镜检测技术 | 检测距离有限，粗略估计缺陷位置及尺寸 | 管道初步检测、日常维护性检测 |
| 声呐检测技术 | 管道内水排除困难或排水成本较高时采用，可显示缺陷位置及部分缺陷尺寸 | 管道初步检测、详细检测 |
| CCTV 检测技术 | 管道内水位不应大于管径的20%且不大于200mm，可显示缺陷位置，凭经验估计缺陷等级，大口径管道检测时要求光源充足 | 管道初步检测、详细检测、移交接管检测、修复前后检测 |

## 2. 传统检测技术

传统检测技术主要包括人员进入管道检测、潜水员进入管道检测、简易工具法、反光镜法（如表 5-3 所示）。传统检测技术虽然存在局限性，但在特定条件下仍是现代检测技术不可或缺的补充，如潜水员检测在高水位情况下仍然是不可取代的检测技术。

表 5-3　传统检测技术

| 检测方法 | 适用范围和局限性 |
|---|---|
| 人员进入管道检测 | 管径较大、管内无水、通风良好，优点是直观且能精确地测量；但检测条件较苛刻，安全性差 |
| 潜水员进入管道检测 | 管径较大，管内有水，且要求低流速，优点是直观，但无影像资料、准确性差 |
| 简易工具法 | 检查井和管道口处淤积情况，优点是直观速度快，但无法测量管道内部情况，无法检测管道结构损坏情况 |
| 反光镜法 | 管内无水，仅能检测管道顺直和垃圾堆积情况，优点是直观、快速、安全；但无法检测管道结构损坏情况，有垃圾堆积或有障碍物时，则视线受阻 |

**3. 排水管道评估方法**

《城镇排水管道检测与评估技术规程》中根据缺陷对管道状况的影响将管道缺陷分为结构性缺陷和功能性缺陷。结构性缺陷是指管道结构本体遭受损伤，造成影响管道强度、刚度和使用寿命的缺陷；功能性缺陷是指导致管道过水断面发生变化，影响畅通性能的缺陷。

规程中根据缺陷的危害程度给定了不同的评分分值和相应的等级。分值和等级的确定原则是：具有相同严重程度的缺陷具有相同的等级。管道缺陷等级分类如表 5-4 所示。

表 5-4　缺陷等级分类表

| 缺陷性质 | 等级 | | | |
|---|---|---|---|---|
| | 1 | 2 | 3 | 4 |
| 结构性缺陷程度 | 轻微缺陷 | 中等缺陷 | 严重缺陷 | 重大缺陷 |
| 功能性缺陷程度 | 轻微缺陷 | 中等缺陷 | 严重缺陷 | 重大缺陷 |

管道结构性状况评估主要通过计算管道结构性缺陷参数、结构性缺陷密度和修复指数三个参数分别对管道结构性缺陷等级、缺陷类型、修复等级进行评估。管道结构性缺陷等级评定如表 5-5 所示，管道结构性缺陷类型评估如表 5-6 所示，管道修复等级划分如表 5-7 所示。各参数须根据《城镇排水管道检测与评估技术规程》中的相关规定进行计算。

表 5-5　管道结构性缺陷等级评定对照表

| 等级 | 缺陷参数 $F$ | 损坏状况描述 |
|---|---|---|
| I | $F \leqslant 1$ | 无或有轻微缺陷，结构状况基本不受影响，但具有潜在变坏的可能 |
| II | $1 < F \leqslant 3$ | 管道缺陷明显超过一级，具有变坏的趋势 |
| III | $3 < F \leqslant 6$ | 管道缺陷严重，结构状况受到影响 |
| IV | $F > 6$ | 管道存在重大缺陷，损坏严重或即将导致破坏 |

表 5-6　管道结构性缺陷类型评估参考表

| 缺陷密度 $S_M$ | <0.1 | 0.1~0.5 | >0.5 |
|---|---|---|---|
| 管道结构性缺陷类型 | 局部缺陷 | 部分或整体缺陷 | 整体缺陷 |

表 5-7　管道修复等级划分

| 等级 | 修复指数 RI | 修复建议及说明 |
|---|---|---|
| I | RI $\leqslant$ 1 | 结构条件基本完好，不修复 |
| II | 1<RI$\leqslant$4 | 结构在短期内不会发生破坏现象，但应做修复计划 |
| III | 4<RI$\leqslant$7 | 结构在短期内可能会发生破坏，应尽快修复 |
| IV | RI>7 | 结构已经发生或即将发生破坏，应立即修复 |

　　管道功能性状况评估主要通过计算管道功能性缺陷参数、功能性缺陷密度和养护指数三个参数分别对管道功能性缺陷等级、缺陷类型、养护等级进行评估。管道功能性缺陷等级评定如表 5-8 所示，管道功能性缺陷类型评估如表 5-9 所示，管道养护等级划分如表 5-10 所示。各参数须根据《城镇排水管道检测与评估技术规程》中的相关规定进行计算。

表 5-8　管道功能性缺陷等级评定

| 等级 | 缺陷参数 $G$ | 运行状况说明 |
|---|---|---|
| I | $G \leqslant 1$ | 无或有轻微影响，管道运行基本不受影响 |
| II | $1 < G \leqslant 3$ | 管道过流有一定的受阻，对运行影响不大 |
| III | $3 < G \leqslant 6$ | 管道过流受阻比较严重，运行受到明显影响 |
| IV | $G > 6$ | 管道过流受阻很严重，即将或已经导致运行瘫痪 |

表 5-9　管道功能性缺陷类型评估

| 缺陷密度 $Y_M$ | <0.1 | 0.1~0.5 | >0.5 |
|---|---|---|---|
| 管道功能性缺陷类型 | 局部缺陷 | 部分或整体缺陷 | 整体缺陷 |

表 5-10 管道养护等级划分

| 养护等级 | 养护指数 MI | 养护建议及说明 |
|---|---|---|
| I | MI≤1 | 没有明显需要处理的缺陷 |
| II | 1<MI≤4 | 没有立即进行处理的必要，但宜安排处理计划 |
| III | 4<MI≤7 | 根据基础数据进行全面的考虑，应尽快处理 |
| IV | MI>7 | 输水功能受到严重影响，应立即进行处理 |

## （二）给水管道检测评估技术

### 1. 传统给水管道漏损检测技术分析

目前，国内外常用的漏损检测方法大致可分为被动检漏法和主动检漏法。其中，主动检漏法是采用各种检漏方法及仪器，在地下管道的漏水冒出地面前主动地检测地下管道漏水的方法，主要包括音听法、区域检漏法、相关检漏法、漏水声自动监测法、区域泄漏普查系统法等。

传统的给水管网漏损检测方法有诸多局限性，大部分只能进行声学检测，对周围环境要求较高，对车流密集地、工业集中区这些管网复杂、周围噪声大的地点则束手无策，且无法使用视频检测管道内部情况，或者是必须与视频系统有线连接，限制了可检测的范围，须投入大量人力物力。如常用的音听检漏法，对噪声干扰要求严格，常须在夜间进行工作，检测结果受环境影响较大，与工人技术也有很大关系。而区域检漏法无法对整个区域进行检漏，并且会对用户用水造成很大影响。相关检漏法、漏水声自动监测法及区域泄漏普查系统法虽然可用于大面积检测，受环境影响小，但是费用偏高，操作复杂，经济性不强，而且均不能对管道内部漏损情况进行精确评价。

被动检漏法是最原始的一种漏损检测方法，以发现明漏点为主，依靠专门的巡检人员按照图纸进行巡查及附近居民的报漏来发现漏点。虽然比较经济，但不能及时发现暗漏，易造成长时间漏水。

随着城市化进程的加快和城市给水管网实际条件的日益复杂化、大型化，我们迫切需要一种更加经济有效、适用性更强的漏损检测方法来完成给水管道的检漏工作，以便解决给水管道的高漏损率问题。MTA 给水管道检测技术的出现提供了新的可能。

### 2. MTA 给水管道检测技术

（1）MTA 给水管道漏损检测仪

MTA 给水管道漏损检测仪是集无线操作、视频检测和智能声学检测于一体的最新管道漏损检测技术，由管道流体提供动力，可对所有类型的管道材料在不断水的条件下进行光学和声学检测，提供连续的内部数据，标准检测距离可达 50km。

MTA 给水管道漏损检测仪通过了饮用水接触认证，使用时无须开挖或断管，即可进入管道内部进行检测，最大工作压力可达到 100bar（10MPa），有效解决了传统检漏仪器只有声学检测、无法检测管道内部具体情况的难题。检测效率高，人力成本低，待检管道无须预处理。该设备可对微小的泄漏精确做出声学记录，90°弯管亦可检测，节能环保。

（2）MTA 给水管道漏损检测仪的发出和回收

MTA 给水管道漏损检测仪发出具体步骤如下：

①对漏损检测仪的所有部件进行消毒；

②选择合适的三通阀门，其直径至少为管道直径的一半；

③通过三通阀门处的法兰盘安装插入阀门；

④将管道漏损检测仪放入插入阀门中；

⑤打开三通阀门，让水进入淹没插入阀门；

⑥降低活塞，将管道漏损检测仪放入待检测管道中，管道漏损检测仪将按照限定的流动方向跟随水流到达出口。

MTA 给水管道漏损检测仪回收具体步骤如下：

①选择一个合适的三通阀门，其直径至少为管道直径的一半；

②通过三通阀门处的法兰盘安装回收阀；

③打开三通阀门，让水进入，并淹没回收阀；

④将带网牵引装置下降到检测管道中，以便借助回收网来取回管道漏损检测仪；

⑤将带网牵引装置提升到回收阀中来取回管道漏损检测仪；

⑥关闭阀门并释放回收阀中的压力；

⑦拆下管道漏损检测仪。

（3）声学渗漏检测

MTA 管道漏损检测仪可对微小的泄漏做声学记录，定位微型渗漏，在 5bar 的工作压力下可精确定位 1L/h 的泄漏，并对其进行损坏评估，如此精确的检测是传统检测方法无法达到的。

适用范围：钢管泄漏大于 1L/h（5bar 管内压力），PE 管泄漏大于 10L/h（5bar 管内压力）。

（4）视频检测

MTA 管道漏损检测仪采用最先进的高清摄像头和 LED 灯，无线操作，无须断水和开挖作业，由水流提供动力，图像解析管道内部损坏情况，解决了传统管道检漏方法无法在不断水情况下进行管道内部检测的困难。

（5）检测结果

MTA 管道漏损检测仪可直接得到待检管道的管道压力、破损处声波和加速度大小这些数据，再和视频资料相结合，对相关数据进行分析，即可得到待检管道漏损状况，以决定管道是否需要维护、修复或者是更换。

# 二、非开挖修复工程技术概述

## （一）管道非开挖修复技术分类及应用

《非开挖工程学》一书中将管道非开挖修复技术进行了分类，但随着管道非开挖修复更新技术在国内的应用及发展，一些新的技术及应用随之出现，因此，这里将管道非开挖修复技术进行了重新分类。首先，在管道修复更新技术中，离心喷筑管盾内衬修复、热塑成型内衬修复、不锈钢快速锁局部修复在国内应用逐渐增多；其次，国内管网缺陷程度普遍比较严重，在管网修复应用中，针对不同缺陷的预处理技术也逐渐增多；最后，近年来，国内管道检测需求逐渐增多，其不仅涵盖现有的排水管道检测，还包括给水管道检测。

管道整体修复技术是在原有管道内形成内衬管的修复方法，按照施工前内衬管的成型程度也可分为成品管内衬、半成品管内衬、型材拼接内衬及原材料喷筑（涂）内衬。成品管的内衬可适用于穿插法、折叠内衬法、缩径内衬法及热塑成型法，该类内衬管施工前具有成品管刚度及形状；半成品管内衬主要适用于原位固化法的内衬管，该技术施工前内衬软管中树脂未发生固化，没有成品管的刚度，因此为半成品；型材拼接内衬主要适用于螺旋缠绕法、管片内衬法及垫衬法，这几种方法所用材料为带状型材、片状型材及片状材料拼接的软管；原材料喷筑（涂）内衬主要适用于喷筑（涂）法，无论是水泥基类的离心喷筑，还是树脂喷涂，施工前管道均未成型，既没有管道刚度，也没有管道形状。

从材料发展角度看，非开挖整体修复技术的发展遵循从实壁管向结构壁管，以及从单一材料向复合材料发展的轨迹。最早的管道非开挖修复技术主要运用穿插法，其采用将成品管材拖入原有管道内的方式形成内衬管，由于采用穿插的方式进入原有管道，要求其内衬管管径比原有管道小，因此，修复后管道断面损失比较大，并且对于长距离管道的穿插往往需要开挖工作坑，以便内衬管的插入。

鉴于穿插法断面损失大且需要开挖工作坑的缺点，后续对穿插法的改进主要包含以下三方面。第一，对于断面损失较大缺点的改进，如运用折叠内衬法、缩径内衬法及碎裂管法。其中，折叠内衬法和缩径内衬法是将内衬管通过折叠或缩径以减小断面，再将其穿插进入原有管道内进行修复的方法；碎裂管法是直接将原有管道更换或扩充形成新的内衬管的方法。第二，对于需要开挖工作坑缺点的改进，如运用短管内衬法，该方法将成品管材制造成带有专用连接接头的短管，将其从检查井逐节穿插进入原有管道并连接，从而避免了工作坑的开挖。第三，对于断面损失较大及开挖工作坑两方面不足同时进行改进，如运用热塑成型内衬法，采用热塑成型法的内衬管充分利用了材料的物理性能变化，材料生产时直接被做成 U 形或工形内衬管，施工时通过加热软化后将其从检查井拖入原有管道，最后再重新加热软化，使其充气膨胀紧贴原有管道形成内衬管。因此，该方法避免了工作坑的开挖，同时改进了穿插法修复后断面损失较大的不足。

以上工艺都取用单一材料的成品管材形成的内衬管，其内衬管强度有限，因此，采用复合材料进行管道修复的方法逐渐出现。其中一个发展方向是增加实壁内衬管强度的方法，如原位固化法及喷筑法。翻转法是采用毛毡制成软管后浸渍树脂，通过热水、热蒸汽进行固化成型，但毛毡对内衬管结构强度的增加有限，多数情况仅起树脂载体的作用。因此，采用玻璃纤维布增强的材料逐渐发展起来，如玻璃纤维增强的翻转内衬法，但玻璃纤维的广泛应用还是与光固化树脂配合的紫外光固化内衬法，该方法不仅充分利用了玻璃纤维布的强度，并且采用紫外光固化工艺，施工更加安全高效，操作更加方便，近年来在国内得到广泛应用。

喷筑法包括特种砂浆喷筑法及树脂喷涂法。特种砂浆喷筑法是将纤维增强的砂浆材料搅拌后采用离心喷筑或手工喷筑的方法在管道及箱涵表面形成强度较高的结构层内衬的管道修复方法。其在大口径管道及检查井修复中具有明显的优势。树脂喷涂法是将颗粒增强的树脂基复合材料喷涂在管道或检查井表面形成致密的结构层内衬的管道修复方法。由于树脂基的增强材料喷涂时对基面干燥要求高且造价较高，所以，特种砂浆喷筑法在城市地下排水管道系统中应用较多，典型工艺为离心喷筑管盾（井盾）内衬修复技术。

复合材料内衬发展的另一方向是采用结构壁管，如螺旋缠绕法和管片内衬法，这两种方法都是采用特制的增强型材在管道内拼接成内衬管，然后在内衬管与原有管道空隙中进行填充注浆以稳定内衬管的施工方法。

垫衬法与螺旋缠绕法及管片内衬法的不同在于螺旋缠绕法和管片法采用型材拼接的内衬管具有独立承载的管道刚度，注浆的作用仅仅是填充稳固；而垫衬法拼接形成的软管是没有刚度的，其承载力完全由内衬管与原有管道空隙中的填充砂浆承担。

局部修复技术中，不锈钢类局部修复技术中都是由不锈钢作为承载主体，以橡胶圈或发泡树脂作为密封材料。其中，不锈钢发泡筒是采用发泡树脂作为密封材料，不锈钢快速锁和双胀圈是以橡胶圈作为密封材料，其不同在于不锈钢快速锁采用的是与橡胶圈宽度相同的不锈钢圈，而双胀圈采用的是两条不锈钢条，两者相比，不锈钢圈的承载力更强，但适应错口能力则较差。

## （二）管道非开挖修复技术的应用选择

根据《城镇排水管道检测与评估技术规程》，管道缺陷分为结构性缺陷和功能性缺陷，其中，结构性缺陷类型主要包括支管暗接、变形、错口、异物穿入、腐蚀、破裂、起伏、渗漏、脱节、接口材料脱落等，每个缺陷类型按照缺陷尺寸大小分为三或四个缺陷等级。管道检测评估报告中需要明确每段管道存在的缺陷类型及缺陷等级，并给出相应的修复建议方案。因此，这里根据不同缺陷类型及缺陷等级总结了相对应的修复方案，以供检测评估人员及设计人员参考（如表 5-11 所示）。

表 5-11　不同缺陷等级排水管道修复方法选择

| 序号 | 缺陷类别 | | 修复措施 | | | |
|---|---|---|---|---|---|---|
| | | | Ⅰ级 | Ⅱ级 | Ⅲ级 | Ⅳ级 |
| 1 | 支管暗接（AJ） | | 开挖修复 | | | |
| 2 | 变形（BX）（包含塌陷） | | 点修：CIPP 局部修复　整修：热塑成型内衬修复或紫外光固化内衬修复 | | 开挖修复，如不便开挖可经预处理使管道复原后采用整体非开挖修复技术修复 | |
| 3 | 错口（CK） | DN≤600 | 点修：CIPP 局部修复 | 开挖修复 | | |
| | | | 整修：热塑成型内衬修复或紫外光固化内衬修复 | 开挖修复 | | |
| | | DN>600 | 点修：CIPP 局部修复 | 开挖修复 | | |
| | | | 整修：紫外光固化内衬修复 | 开挖修复 | | |
| 4 | 异物穿入（CR）（只进行点修） | DN<800 | 铣刀机器人切割清除+CIPP 局部修复（如缺陷为管道穿入，修复前业主须确定产权后确定处理方案） | | | |
| | | DN≥800 | 人工切割清除（或铣刀机器人清除）+不锈钢快速锁内衬修复（如缺陷为管道穿入，修复前业主须确定产权后确定处理方案） | | | |
| 5 | 腐蚀（FS） | | 点修：局部树脂固化 | | | |
| | | | 整修：热塑成型内衬修复或紫外光固化内衬修复或离心喷筑管盾内衬修复法（根据原管材及实际情况选取） | | | |

续表

| 序号 | 缺陷类别 | | 修复措施 | | | |
|---|---|---|---|---|---|---|
| | | | Ⅰ级 | Ⅱ级 | Ⅲ级 | Ⅳ级 |
| 6 | 破裂（PL），不发生变形、坍塌 | DN≤600 | 点修：局部树脂固化法 | | | |
| | | | 整修：热塑成型内衬修复或紫外光固化内衬修复 | | | |
| | | DN>600 | 点修：不锈钢快速锁内衬修复 | | | |
| | | | 整修：紫外光固化内衬修复 | | | |
| 7 | 起伏（QF）（只进行整修） | | 热塑成型内衬修复或紫外光固化内衬修复 | | 开挖修复 | |
| 8 | 渗漏（SL），不发生错口、变形 | | 点修：化学注浆堵漏（渗漏严重时）+不锈钢快速锁内衬修复 | | | |
| | | | 整修：化学注浆堵漏（渗漏严重时）+热塑成型内衬修复或紫外光固化内衬修复 | | | |
| 9 | 脱节（TJ），不发生错口 | | 点修：化学注浆堵漏（渗漏严重时）+不锈钢快速锁内衬修复 | | | |
| | | | 整修：化学注浆堵漏（渗漏严重时）+热塑成型内衬修复或紫外光固化内衬修复 | | | |
| 10 | 接口材料脱落（TL），不发生错口 | DN≤600 | 点修：局部树脂固化法修复或不锈钢快速锁内衬修复 | | | |
| | | | 整修：热塑成型内衬修复或紫外光固化内衬修复 | | | |
| | | DN>600 | 点修：不锈钢快速锁内衬修复 | | | |
| | | | 整修：紫外光固化内衬修复 | | | |

# 第四节 给水排水工程施工现场管理

## 一、成本管理

### （一）成本管理的依据

成本管理的依据如下：

（1）工程承包合同。施工成本控制要以工程承包合同为依据，围绕降低工程成本这个目标，从预算收入和实际成本两方面，努力挖掘增收节支潜力，以求获得最大的经济效益。

（2）施工成本计划。施工成本计划是根据施工项目的具体情况制订的施工成本控制方案，既包括预定的具体成本控制目标，又包括实现控制目标的措施和规划，是施工成本控制的指导文件。

（3）进度报告。进度报告提供了每一时刻工程实际完成量，工程施工成本实际支付情况等重要信息。施工成本控制工作正是通过实际情况与施工成本计划相比较，找出二者之间的差别，分析偏差产生的原因，从而采取措施改进以后的工作。此外，进度报告还有助于管理者及时发现工程实施中存在的隐患，并在事态还未造成重大损失之前采取有效措施，尽量避免损失。

（4）工程变更。在项目的实施过程中，由于各方面的原因，工程变更是很难避免的。工程变更一般包括设计变更、进度计划变更、施工条件变更技术规范与标准变更、施工次序变更、工程数量变更等。一旦出现变更，工程量、工期、成本都必将发生变化，从而使得施工成本控制工作变得更加复杂和困难。因此，施工成本管理人员就应当通过对变更要求中各类数据的计算、分析，随时掌握变更情况，包括已发生工程量、将要发生工程量、工期是否拖延、支付情况等重要信息，判断变更及变更可能带来的索赔额度等。

（5）其他。除上述几种施工成本控制工作的主要依据以外，有关施工组织设计、分包合同文本等也都是施工成本控制的依据。

## （二）成本管理的内容

1. 工程投标阶段的成本管理

（1）根据工程概况和招标文件，联系建筑市场和竞争对手的情况，进行成本预测，提出投标决策意见。

（2）中标以后，应根据项目的建设规模，组建与之相适应的项目经理部，同时以标书为依据确定项目的成本目标，并下达给项目经理部。

2. 施工准备阶段的成本管理

（1）根据设计图纸和有关技术资料，对施工方法、施工顺序、作业组织形式、机械设备选型、技术组织措施等进行认真的研究分析，并运用价值工程原理，制订出科学先进、经济合理的施工方案。

（2）根据企业下达的成本目标，以分部、分项工程实物工程量为基础，联系劳动定额、材料消耗定额和技术组织措施的节约计划，在优化的施工方案的指导下，编制明细而具体的成本计划，并按照部门施工队和班组的分工进行分解，作为部门施工队和班组的责任成本落实下去，为今后的成本控制做好准备。

（3）间接费用预算的编制及落实：根据项目建设时间的长短和参加建设人数的多少，编制间接费用预算，并对上述预算进行明细分解，以项目经理部有关部门（或业务人员）

责任成本的形式落实下去，为今后的成本控制和绩效考评提供依据。

**3. 施工阶段的成本管理**

（1）加强施工任务单和限额领料单的管理，特别要做好每一个分部、分项工程完成后的验收（包括实际工程量的验收和工作内容、工程质量、文明施工的验收）及实耗人工、实耗材料的数量核对，以保证施工任务单和限额领料单的结算资料绝对正确，为成本控制提供真实可靠的数据。

（2）将施工任务单和限额领料单的结算资料与施工预算进行核对，计算分部、分项工程的成本差异，分析差异产生的原因，并采取有效的纠偏措施。

（3）做好月度成本原始资料的收集和整理，正确计算月度成本，分析月度预算成本与实际成本的差异。对于一般的成本差异要在充分注意不利差异的基础上，认真分析有利差异产生的原因，以防对后续作业成本产生不利影响或因质量低劣而造成返工损失；对于盈亏比例异常的现象则要特别重视，并在查明原因的基础上，果断采取措施，尽快加以纠正。

（4）在月度成本核算的基础上，实行责任成本核算。也就是利用原有会计核算的资料，重新按责任部门或责任者归集成本费用，每月结算一次，并与责任成本进行对比，由责任部门或责任者自行分析成本差异和产生差异的原因，自行采取措施纠正差异，为全面实现责任成本创造条件。

（5）经常检查对外经济合同的履约情况，为顺利施工提供物质保证。如遇拖期或质量不符合要求时，应根据合同规定向对方索赔；对缺乏履约能力的单位，要断然采取措施，立即中止合同，并另找可靠的合作单位，以免影响施工，造成经济损失。

（6）定期检查各责任部门和责任者的成本控制情况，检查成本控制责、权、利的落实情况（一般为每月一次）。发现成本差异偏高或偏低的情况，应会同责任部门或责任者分析产生差异的原因，并督促他们采取相应的对策来纠正差异；如有因责、权、利不到位而影响成本控制工作的情况，应针对责、权、利不到位的原因，调整有关各方的关系，落实责、权、利相结合的原则，使成本控制工作得以顺利进行。

**4. 竣工验收阶段的成本管理**

（1）精心安排，干净利落地完成工程竣工扫尾工作，把竣工扫尾时间缩短到最低限度。

（2）重视竣工验收工作，顺利交付使用。在验收以前，要准备好验收所需要的各种书面资料（包括竣工图）送甲方备查；对验收中甲方提出的意见，应根据设计要求和合同内容认真处理，如果涉及费用，应请甲方签证，列入工程结算。

（3）及时办理工程结算。一般来说：工程结算造价＝原施工图预算±增减账。

在工程结算时为防止遗漏，在办理工程结算以前，要求项目预算员和成本员进行一次认真全面的核对。

（4）在工程保修期间，应由项目经理指定保修工作的责任者，并责成保修责任者根据实际情况提出保修计划（包括费用计划），以此作为控制保修费用的依据。

## （三）成本控制的原则

### 1. 全面控制原则

（1）项目成本的全员控制。项目成本的全员控制并不是抽象的概念，而应该有一个系统的实质性内容，其中包括各部门、各单位的责任网络和班组经济核算等，防止成本控制人人有责又都人人不管。

（2）项目成本的全过程控制。施工项目成本的全过程控制，是指在工程项目确定以后，自施工准备开始，经过工程施工，到竣工交付使用后的保修期结束，其中每一项经济业务都要纳入成本控制的轨道。

### 2. 动态控制原则

（1）项目施工是一次性行为，其成本控制应更重视事前、事中控制。

（2）在施工开始之前进行成本预测，确定目标成本，编制成本计划，制定或修订各种消耗定额和费用开支标准。

（3）施工阶段重在执行成本计划，落实降低成本措施，实行成本目标管理。

（4）成本控制随施工过程连续进行，与施工进度同步不能时紧时松，不能拖延。

（5）建立灵敏的成本信息反馈系统，使成本责任部门（人员）能及时获得信息、纠正不利成本偏差。

（6）制止不合理开支，把可能导致损失和浪费的苗头消灭在萌芽状态。

（7）竣工阶段成本盈亏已成定局，主要进行整个项目的成本核算、分析、考评。

### 3. 开源与节流相结合原则

降低项目成本需要一面增加收入，一面节约支出。因此，每发生一笔金额较大的成本费用都要查一查有无与其相对应的预算收入，是否支大于收。

### 4. 目标管理原则

目标管理是贯彻执行计划的一种方法，它把计划的方针、任务、目的和措施等逐一加以分解，提出进一步的具体要求，并分别落实到执行计划的部门、单位甚至个人。

5. 节约原则

施工生产既是消耗资财人力的过程，也是创造财富增加收入的过程，其成本控制也应坚持增收与节约相结合的原则。

## （四）成本管理程序与措施

### 1. 成本管理程序

根据成本过程控制的原则和内容，重点控制的是进行成本控制的管理行为是否符合要求，作为成本管理业绩体现的成本指标是否在预期范围之内，因此，要搞好成本的过程控制，就必须有标准化、规范化的过程控制程序。

### 2. 成本管理措施

为了取得施工成本管理的理想成果，应当从多方面采取措施实施管理，通常可以将这些措施归纳为组织措施、技术措施、经济措施、合同措施四方面。

（1）组织措施。如实行项目经理责任制，落实施工成本管理的机构和人员，明确各级施工成本管理人员的任务和职能分工、权利和责任，编制阶段性的成本控制工作计划和详细的工作流程图等。

（2）技术措施。提出不同的技术方案，并对不同的方案进行技术经济分析和论证，以纠正实施过程中施工成本管理目标出现的偏差。

（3）经济措施。编制资金使用计划，确定、分解施工成本管理目标；对成本管理目标进行风险分析，并制定防范性对策；对出现的问题应采取预防措施，进行主动控制。

（4）合同措施。参加合同谈判，修订合同条款，处理合同执行过程中的索赔问题。

## （五）成本分析

### 1. 成本分析依据

（1）会计核算。会计核算主要是价值核算。会计是对一定单位的经济业务进行计量、记录、分析和检查，做出预测，参与决策，实行监督，旨在实现最优经济效益的一种管理活动。由于会计记录具有连续性、系统性、综合性等特点，所以它是施工成本分析的重要依据。

（2）业务核算。业务核算是各业务部门根据业务工作的需要而建立的核算制度，它包括原始记录和计算登记表，如单位工程及分部分、项工程进度登记，质量登记，工效、定额计算登记，物资消耗定额记录，测试记录等。业务核算的目的，在于迅速取得资料，在经济活动中及时采取措施进行调整。

（3）统计核算。统计核算是利用会计核算资料和业务核算资料，把企业生产经营活动客观现状的大量数据，按统计方法加以系统整理，表明其规律性。它的计量尺度比会计宽，可以用货币计算，也可以用实物或劳动量计量。它通过全面调查和抽样调查等特有的方法，不仅能提供绝对数指标，还能提供相对数和平均数指标，可以计算当前的实际水平，确定变动速度，还可以预测发展的趋势。

**2. 成本分析的原则**

项目成本分析的原则如下：

（1）实事求是的原则。在成本分析中，必然会涉及一些人和事，因此要注意人为因素的干扰。成本分析一定要有充分的事实依据，对事物进行实事求是的评价。

（2）用数据说话的原则。成本分析要充分利用统计核算和有关台账的数据进行定量分析，尽量避免抽象的定性分析。

（3）注重时效的原则。施工项目成本分析贯穿工项目成本管理的全过程。这就要求及时进行成本分析，及时发现问题，及时予以纠正，否则，就有可能耽误解决问题的最好时机，造成成本失控、效益流失。

（4）为生产经营服务的原则。成本分析不仅要揭露矛盾，而且要分析产生矛盾的原因，提出积极有效的解决矛盾的合理化建议。这样的成本分析，必然会深得人心，从而受到项目经理部有关部门和人员的积极支持与配合，使施工项目的成本分析更健康地开展下去。

**3. 成本分析的方法**

（1）施工成本分析的基本方法

①比较法，又称指标对比分析法，就是通过技术经济指标的对比，检查目标的完成情况，分析产生差异的原因，进而挖掘内部潜力的方法。这种方法具有通俗易懂、简单易行、便于掌握的特点，因而得到了广泛的应用，但在应用时必须注意各技术经济指标的可比性。

②因素分析法，又称连环置换法，这种方法可用来分析各种因素对成本的影响程度。在进行分析时，首先要假定众多因素中的一个因素发生了变化，而其他因素则不变，然后逐个替换，分别比较其计算结果，以确定各个因素的变化对成本的影响程度。

③差额计算法，是因素分析法的一种简化形式，它利用各个因素的目标值与实际值的差额来计算其对成本的影响程度。

④比率法，是指用两个以上的指标的比例进行分析的方法。它的基本特点是：先把对

比分析的数值变成相对数，再观察其相互之间的关系。

（2）综合成本的分析方法

综合成本是指涉及多种生产要素，并受多种因素影响的成本费用，如分部、分项工程成本，月（季）度成本、年度成本等。综合成本的分析如下：

分部、分项工程成本分析。分部、分项工程成本分析的对象为已完成的分部、分项工程。分析的方法是：①进行预算成本、目标成本和实际成本的"三算"对比；②分别计算实际偏差和目标偏差，分析偏差产生的原因，为今后的分部、分项工程成本寻求节约途径。

月（季）度成本分析。月（季）度成本分析的依据是当月（季）的成本报表。分析的方法，通常有以下六方面. ①通过实际成本与预算成本的对比，分析当月（季）的成本降低水平；通过累计实际成本与累计预算成本的对比，分析累计的成本降低水平，预测实现项目成本目标的前景。②通过实际成本与目标成本的对比，分析目标成本的落实情况及目标管理中的问题和不足，进而采取措施，加强成本管理，保证成本目标的落实。③通过对各成本项目的成本分析，可以了解成本总量的构成比例和成本管理的薄弱环节。④通过主要技术经济指标的实际与目标对比，分析产量、工期、质量、"三材"节约率、机械利用率等对成本的影响。⑤通过对技术组织措施执行效果的分析，寻求更加有效的节约途径。⑥分析其他有利条件和不利条件对成本的影响。

年度成本分析。年度成本分析的依据是年度成本报表。年度成本分析的内容，除了月（季）度成本分析的六方面以外，重点是针对下一年度的施工进展情况规划提出切实可行的成本管理措施，以保证施工项目成本目标的实现。

竣工成本的综合分析。单位工程竣工成本分析，应包括以下三方面内容：①竣工成本分析；②主要资源节超对比分析；③主要技术节约措施及经济效果分析。

## （六）降低工程施工成本的措施

### 1. 认真审核图纸，积极提出修改意见

（1）施工单位应该在满足用户要求和保证工程质量的前提下，联系项目施工的主客观条件，对设计图纸进行认真的会审，并提出积极的修改意见，在取得用户和设计单位的同意后，修改设计图纸，同时办理增减账。

（2）在会审图纸的时候，对于结构复杂、施工难度高的项目，更要加倍认真，并且要从方便施工，有利于加快工程进度和保证工程质量，又能降低资源消耗、增加工程收入等方面综合考虑，提出有科学根据的合理化建议，争取建设单位和设计单位的认同。

2. 制订先进合理、经济实用的施工方案

施工方案主要包括三项内容:

(1) 施工方法的确定、施工机具的选择、施工顺序的安排和流水施工的组织。正确选择施工方案是降低成本的关键。

(2) 制订施工方案要以合同工期和上级要求为依据,联系项目的规模、性质、复杂程度、现场条件、装备情况、人员素质等因素综合考虑。

(3) 同时制订两个以上先进可行的施工方案,以便从中优选最合理、最经济的一个。

3. 切实落实技术组织措施

落实技术组织措施,走技术与经济相结合的道路,以技术优势来取得经济效益,是降低项目成本的又一个关键。一般情况下,项目应在开工以前根据工程情况制订技术组织措施计划,作为降低成本计划的内容之一列入施工组织设计,在编制月度施工作业计划的同时,也可以按照作业计划的内容编制月度技术组织措施计划。

4. 组织流水施工,加快施工进度

(1) 凡按时间计算的成本费用在加快施工进度缩短施工周期的情况下,都会有明显的节约。此外,还可从用户那里得到一笔提前竣工奖。

(2) 为加快施工进度,将会增加一定的成本支出。因此,在签订合同时,应根据用户和赶工的要求,将赶工费列入施工图预算。如果事先并未明确,而由用户在施工中临时提出要求的,则应该请用户签字,费用按实计算。

(3) 在加快施工进度的同时,必须根据实际情况,组织均衡施工,切实做到快而不乱,以免发生损失。

5. 降低材料成本

(1) 加强材料采购、运输、收发、保管等工作,减少各环节的损耗,节约采购费用。

(2) 加强现场材料管理,组织分批进场,减少搬运。

(3) 对进场材料的数量质量要严格签收,实行材料的限额领料。

(4) 推广使用新技术、新工艺、新材料。

(5) 制定并贯彻节约材料措施,合理使用材料,扩大代用材料、修旧利废和废料回收。

6. 降低机械使用费

(1) 结合施工方案的制订,从机械性能操作运行和台班成本等因素综合考虑,选择最适合项目施工特点的施工机械,要求做到既实用又经济。

（2）做好工序、工种机械施工的组织工作，最大限度地发挥机械效能；同时，对机械操作人员的技能也要有一定的要求，防止因不规范操作或操作不熟练影响正常施工，降低机械利用率。

（3）做好平时的机械维修保养工作，使机械始终保持完好状态，随时都能正常运转。严禁在机械维修时将零部件拆东补西，人为地损坏机械。

7．以激励机制调动职工增产节约的积极性

（1）对关键工序施工的关键班组要实行重奖。

（2）对材料操作损耗特别大的工序，可由生产班组直接承包。

（3）实行钢模零件和脚手螺丝有偿回收。

（4）实行班组落手清承包。

8．加强合同管理

（1）深入研究招标文件和投标策略，正确编制施工图概预算，在此基础上，充分考虑可能发生的成本费用，正确编制施工图概预算。

（2）加强合同管理，及时办理增减账和进行索赔。项目承包方要加强合同的管理，要利用合同赋予的权力，开展索赔工作，及时办理增减账手续，通过工程款结算从业主那里得到补偿。

## 二、进度管理

工程进度管理是根据工程施工的进度目标编制经济、合理的进度计划，并据以检查工程项目进度计划的执行情况，若发现实际执行情况与计划进度不一致，应及时分析原因，并采取必要的措施对原工程进度计划进行调整或修正的过程。工程施工进度管理的目的就是实现最优工期，多快好省地完成任务。

### （一）进度管理的程序

1．根据施工合同的要求确定施工进度目标，明确计划开工日期、计划总工期和计划竣工日期，确定施工项目分期分批的开竣工日期。

2．编制施工进度计划，具体安排实现计划目标的工艺关系、组织关系、搭接关系、起止时间、劳动力计划、材料计划、机械计划及其他保证性计划。分包人负责根据项目施工进度计划编制分包工程施工进度计划。

3．进行计划交底，落实责任，并向监理工程师提出开工申请报告，按监理工程师开工令确定的日期开工。

4. 实施施工进度计划。

5. 全部任务完成后，进行进度管理总结并编写进度管理报告。

## （二）进度管理的内容

进度管理以现代科学管理原理为理论基础，主要有系统控制原理、动态控制原理、信息反馈原理、弹性原理、封闭循环原理和网络计划技术原理等。

### 1. 系统控制原理

该原理认为，项目施工进度控制本身是一个系统工程，它包括项目施工进度计划系统和项目施工进度实施系统两部分内容。项目经理必须按照系统控制原理，强化其控制全过程。

（1）施工进度计划系统。根据需要，计划系统一般包括施工总进度计划，单位工程进度计划，分部、分项工程进度计划和季、月、旬等作业计划。这些计划的编制对象由大到小，内容由粗到细，将进度控制目标逐层分解，保证了计划控制目标的落实。在执行项目施工进度计划时，应以局部计划保证整体计划，最终达到施工进度控制目标。

（2）施工进度实施组织系统。施工实施全过程的各专业队伍都是遵照计划规定的目标去努力完成一个个任务的。施工经理和有关劳动调配、材料设备、采购运输等各职能部门都按照施工进度规定的要求进行严格管理、落实和完成各自的任务。施工组织各级负责人，从项目经理、施工队长、班组长及其所属全体成员组成了施工实施的完整组织系统。

（3）施工进度控制的组织系统。为了保证施工进度实施，还有一个项目进度的检查控制系统。自公司经理、项目经理，一直到作业班组都设有专门职能部门或人员负责检查汇报，统计整理实际施工进度的资料，并与计划进度比较分析和进度调整。当然不同层次人员负有不同进度控制职责，分工协作，形成一个纵横连接的施工控制组织系统。事实上有的领导可能既是计划的实施者又是计划的控制者。实施是计划控制的落实，控制是计划按期实施的保证。

### 2. 动态控制原理

施工进度控制随着施工活动向前推进，根据各方面的变化情况，进行适时的动态控制，以保证计划符合变化的情况。同时，这种动态控制又是按照计划、实施、检查、调整这四个不断循环的过程进行的。在项目实施过程中，可分别以整个施工、单位工程、分部工程或分项工程为对象，建立不同层次的循环控制系统，并使其循环下去。这样每循环一次，其项目管理水平就会提高一点。

### 3. 信息反馈原理

反馈是控制系统把信息输送出去，又把其作用结果返送回来，并对信息的再输出施加影响，起到控制作用，以达到预期目的。

施工进度控制的过程实质上就是对有关施工活动和进度的信息不断搜集、加工、汇总、反馈的过程。施工信息管理中心要对搜集的施工进度和相关影响因素的资料进行加工分析，由领导做出决策后，向下发出指令，指导施工或对原计划做出新的调整、部署；基层作业组织根据计划和指令安排施工活动，并将实际进度和遇到的问题随时上报。每天都有大量的内外部信息、纵横向信息流进流出。因而，必须建立健全一个施工进度控制的信息网络，使信息准确、及时、畅通、反馈灵敏、有力，只有正确运用信息对施工活动有效控制，才能确保施工的顺利实施和如期完成。

### 4. 弹性原理

施工进度计划工期长、影响进度的原因多，其中，有的已被人们掌握，根据统计经验估计出影响的程度和出现的可能性，并在确定进度目标时，进行实现目标的风险分析。在计划编制者具备这些知识和实践经验之后，编制施工进度计划时就会留有余地，即使施工进度计划具有弹性。在进行施工进度控制时，便可利用这些弹性，缩短有关工作的时间或者改变它们之间的搭接关系，使检查之前拖延了工期，通过缩短剩余计划工期的方法仍然达到预期的计划目标。这就是施工进度控制中对弹性原理的应用。

### 5. 封闭循环原理

施工进度控制是从编制项目施工进度计划开始的。由于影响因素的复杂和不确定性，在计划实施的全过程中，需要连续跟踪检查，不断地将实际进度与计划进度进行比较，如果运行正常可继续执行原计划；如果发生偏差，应在分析其产生的原因后，采取相应的解决措施和办法，对原进度计划进行调整和修订，然后进入一个新的计划执行过程。这个由计划、实施、检查、比较、分析、纠偏等环节组成的过程就形成了一个封闭循环回路。而施工进度控制的全过程就是在许多这样的封闭循环中得到有效的不断调整、修正与纠偏，最终实现总目标的。

### 6. 网络计划技术原理

在施工进度的控制中利用网络计划技术原理编制进度计划，根据收集的实际进度信息，比较和分析进度计划，又利用网络计划的工期优化、工期与成本优化和资源优化的理论调整计划。网络计划技术原理是施工项目进度控制的完整的计划管理和分析计算的理论基础。

### （三）进度管理的目标

施工进度控制总目标是依据施工总进度计划确定的，然后对其进行层层分解，形成实施进度控制、相互制约的目标体系。

施工进度目标是从总的方面对项目建设提出的工期要求。但在施工活动中，是通过对最基础的分部、分项工程的施工进度控制来保证各单项（位）工程或阶段工程进度控制目标的完成，进而实现施工进度控制总目标的。因而，需要将总进度目标进行一系列的从总体到细部、从高层次到基础层次的层层分解，一直分解到在施工现场可以直接调度控制的分部、分项工程或作业过程的施工为止。在分解中，每一层次的进度控制目标都限定了下一级层次的进度控制目标，而较低层次的进度控制目标又是较高一级层次进度控制目标得以实现的保证，于是就形成了一个自上而下层层约束，由下而上级级保证，上下一致的多层次进度控制目标体系。

### （四）进度计划的编制

1. 进度计划的编制依据

（1）经过规划设计等有关部门和有关市政配套审批、协调的文件。

（2）有关的设计文件和图纸。

（3）工程施工合同中规定的开竣工日期。

（4）有关的概算文件、劳动定额等。

（5）施工组织设计和主要分项、分部工程的施工方案。

（6）工程施工现场的条件。

（7）材料、半成品的加工和供应能力。

（8）机械设备的性能数量和运输能力。

（9）施工管理人员和施工工人的数量与能力水平等。

2. 进度计划的编制方法

（1）划分施工过程。编制进度计划时应按照设计图纸、文件和施工顺序把拟建工程的各个施工过程列出，并结合具体的施工方法、施工条件、劳动组织等因素，加以适当整理。

（2）确定施工顺序。在确定施工顺序时要考虑以下六方面：

①各种施工工艺的要求。

②各种施工方法和施工机械的要求。

③施工组织合理的要求。

④确保工程质量的要求。

⑤工程所在地区的气候特点和条件。

⑥确保安全生产的要求。

（3）计算工程量。应根据施工图纸和工程量计算规则进行。

（4）确定劳动力用量和机械台班数量。应根据各分项工程、分部工程的工程量、施工方法和相应定额，并参考施工单位的实际情况和水平，计算各分项工程、分部工程所需的劳动力用量和机械台班数量。

（5）确定各分项工程、分部工程的施工天数，并安排进度。当有特殊要求时，可根据工期要求，倒排进度；同时在施工技术和施工组织上采取相应的措施，如在可能的情况下，组织立体交叉施工、水平流水施工，增加工作班次，提高混凝土早期强度等。

（6）施工进度图表。这是施工项目在时间和空间上的组织形式。目前，表达施工进度计划的常用方法有网络图和流水施工水平图（又称横道图）。

（7）进度计划的优化。进度计划初稿编制以后，须再次检查各分部（子分部工程）、分项工程的施工时间和施工顺序安排是否合理，总工期是否满足合同规定的要求，劳动力、材料、施工机械设备需用量是否出现不均衡的现象，主要施工机械设备是否充分利用。经过检查，对不符合要求的部分予以改正和优化。

3. 进度计划的检查

在工程施工进度计划的实施过程中，由于各种因素的影响，原始计划的安排常常会被打乱而出现进度偏差。因此，在进度计划执行一段时间后，必须对执行情况进行动态检查，并分析进度偏差产生的原因，以便为施工进度计划的调整提供必要的信息。施工进度计划的检查主要包括以下内容：

（1）工作量的完成情况。

（2）工作时间的执行情况。

（3）资源使用及与进度的互配情况。

（4）上次检查提出问题的处理情况。

# 三、质量管理

## （一）质量管理的原则与程序

1. 质量管理的原则

（1）坚持"质量第一，用户至上"。社会主义商品经营的原则是"质量第一，用户至上"。市政产品作为一种特殊的商品，使用年限较长，是"百年大计"，直接关系到人民生命财产的安全。所以，在施工过程中应自始至终把"质量第一，用户至上"作为质量控制的基本原则。

（2）以人为核心。人是质量的创造者，质量控制必须以人为核心，把人作为控制的动力，调动人的积极性、创造性；增强人的责任感，树立"质量第一"观念；提高人的素质，避免人的失误；以人的工作质量确保工序质量、工程质量。

（3）以预防为主。以预防为主就是要从对质量的事后检查把关，转向对质量的事前控制、事中控制；从对产品质量的检查，转向对工作质量、工序质量和中间产品的质量检查。这是确保施工质量的有效措施。

（4）坚持质量标准、严格检查，一切用数据说话。质量标准是评价产品质量的尺度，数据是质量控制的基础和依据。产品质量是否符合质量标准，必须通过严格检查，用数据说话。

（5）贯彻科学、公正、守法的职业规范。施工企业的项目经理，在处理质量问题过程中，应尊重客观事实，尊重科学，正直、公正，不持偏见；遵纪、守法，杜绝不正之风；既要坚持原则、严格要求、秉公办事，又要谦虚谨慎、实事求是、以理服人、热情帮助。

2. 质量管理程序

工程施工现场质量管理应按下列程序实施：

（1）进行质量策划，确定质量目标；

（2）编制质量计划；

（3）实施质量计划；

（4）总结项目质量管理工作，提出持续改进的要求。

## （二）质量管理体系

质量管理体系是指"在质量方面指挥和控制组织的管理体系"。它致力于建立质量方针和质量目标，并为实现质量方针和质量目标确定相关的过程活动和资源。质量管理体系主要在质量方面能帮助组织提供持续满足要求的产品，以满足顾客和其他相关方的需求。组织的质量目标与其他管理体系的目标，如财务、环境、职业、卫生与安全等的目标应是相辅相成的。因此，质量管理体系的建立要注意与其他管理体系的整合，以方便组织的整体管理，其最终目的应使顾客和相关方都满意。

一个完善的质量管理体系，一般按下列程序进行：

（1）企业领导决策。企业主要领导要下决心走质量效益型的发展道路，要切实建立质量管理体系。建立质量管理体系是企业内部很多部门参加的一项全面性工作，如果没有企业主要领导来领导、实践和统筹安排，是很难搞好这项工作的。因此，领导真心实意地要求建立质量管理体系，是建立健全质量管理体系的首要条件。

（2）编制工作计划。工作计划包括培训教育、体系分析、职能分配、文件编制，配备仪器、仪表设备等内容。

（3）分层次教育培训。结合本企业的特点，了解建立质量管理体系的目的和作用，详细研究与本职工作有直接联系的要素，提出控制要素的办法。

（4）分析企业特点。结合市政企业的特点和具体情况，确定采用哪些要素和采用程度。确定的要素要对控制工程实体质量起主要作用，能保证工程的适用性和符合性。

（5）落实各项要素。企业在选好合适的质量管理体系要素后，要进行二级要素展开，制订实施二级要素所必需的质量活动计划，并把各项质量活动落实到具体部门或个人。

（6）编制质量管理体系文件。质量管理体系文件按其作用可分为法规性文件和见证性文件两类。质量管理体系法规性文件是用以规定质量管理工作的原则，阐述质量管理体系的构成，明确有关部门和人员的质量职能，规定各项活动的目的要求、内容和程序的文件。在合同环境下这些文件是供方向需方证实质量管理体系适用性的证据。质量管理体系见证性文件是用以表明质量管理体系的运行情况和证实其有效性的文件（如质量记录报告等）。这些文件记载了各质量管理体系要素的实施情况和工程实体质量的状态，是质量管理体系运行的见证。

## （三）工程施工质量控制

影响工程质量的因素是多方面的，概括起来有设计过程的质量、施工准备阶段的质量、机具材料的质量、施工过程的质量、使用过程的质量。因此，质量控制是在施工的所有环节，也就是全过程分阶段地对工程质量进行有效的控制。

### 1. 施工质量控制原则

工程施工是使工程设计意图最终实现并形成工程实体的阶段，是最终形成工程产品质量和工程项目使用价值的重要阶段。在进行工程施工质量控制的过程中，应遵循以下原则：

（1）坚持质量第一。工程的使用年限长，是"百年大计"，直接关系到人民生命财产的安全。所以，应自始至终把"质量第一"作为对工程项目质量控制的基本原则。

（2）坚持以人为控制核心。人是质量的创造者，质量控制必须以人为核心，把人作为质量控制的动力，发挥人的积极性和创造性，处理好业主监理与承包单位各方面的关系，增强人的责任感，树立"质量第一"的思想，提高人的素质，避免人的失误，以人的工作质量保证工序质量和工程质量。

（3）坚持以预防为主。预防为主是指要重点做好质量的事前控制、事中控制，同时严格对工作质量、工序质量和中间产品质量的检查。这是确保工程质量的有效措施。

（4）坚持质量标准。质量标准是评价产品质量的尺度，数据是质量控制的基础。产品质量是否符合合同规定的质量标准，必须通过严格检查，以数据为依据。

（5）贯彻科学、公正、守法的职业规范。在控制过程中，应尊重客观事实，尊重科学，客观、公正、不持偏见，遵纪守法，坚持原则，严格要求。

2. 施工质量控制过程

施工质量控制过程根据三阶段控制原理划分为事前控制、事中控制、事后控制三个环节。

（1）事前控制指施工准备控制，即在各工程对象正式施工活动开始前，对各项准备工作及影响质量的各因素进行控制，这是确保施工质量的先决条件。

（2）事中控制指施工过程控制，即在施工过程中对实际投入的生产要素质量及作业技术活动的实施状态和结果所进行的控制包括作业者发挥技术能力过程的自控行为和来自有关管理者的监控行为。

（3）事后控制指竣工验收控制，即对于通过施工过程所完成的具有独立功能和使用价值的最终产品（单位工程或整个工程项目）及有关方面（例如质量文档）的质量进行控制。

# 四、安全管理

职业健康安全与环境管理的任务是企业为达到建筑工程的职业健康安全与环境管理的目的，指挥和控制组织的协调活动，包括制定、实施、实现、评审和保持职业健康安全与环境方针所需的组织机构、计划活动、职责、惯例、程序、过程和资源。

## （一）安全管理方法

### 1. 危险源

危险源是可能导致人身伤害或疾病、财产损失、工作环境破坏或这些情况组合的危险因素和有害因素。根据危险源在事故发生发展中的作用把危险源分为两大类，即第一类危险源和第二类危险源。可能发生意外释放能量的载体或危险物质称作第一类危险源。造成约束、限制能量措施失效或破坏的各种不安全因素称作第二类危险源。

（1）第一类危险源的控制方法

①防止事故发生的方法：消除危险源、限制能量或危险物质、隔离。

②避免或减少事故损失的方法：隔离、个体防护、设置薄弱环节、使能量或危险物质按人们的意图释放、避难与援救措施。

（2）第二类危险源的控制方法

①减少故障：增加安全系数、提高可靠性、设置安全监控系统。

②故障安全设计：包括故障-消极方案（故障发生后，设备、系统处于最低能量状态，直到采取校正措施之前不能运转）；故障-积极方案（故障发生后在没有采取校正措施之前使系统、设备处于安全的能量状态之下）；故障-正常方案（保证在采取校正行动之前，设备、系统正常发挥功能）。

## 2. 建立安全生产责任制

建立安全生产责任制是施工安全技术措施计划实施的重要保证。安全生产责任制是指企业对项目经理部各级领导、各个部门、各类人员所规定的在他们各自职责范围内对安全生产应负责任的制度。

## 3. 安全生产教育

安全是生产赖以正常进行的前提，安全教育又是安全管理工作的重要环节，是提高全员安全素质、安全管理水平和防止事故，从而实现安全生产的重要手段。

（1）施工项目安全教育培训的对象

①工程项目经理、项目执行经理、项目技术负责人。工程项目主要管理人员必须经过当地政府或上级主管部门组织的安全生产专项培训，培训时间不得少于24h，经考核合格后，持安全生产资质证书上岗。

②工程项目基层管理人员。施工项目基层管理人员每年必须接受公司安全生产年审，经考试合格后，持证上岗。

③分包负责人、分包队伍管理人员。必须接受政府主管部门或总包单位的安全培训，经考试合格后持证上岗。

④特种作业人员。必须经过专门的安全理论培训和安全技术实际训练，经理论和实际操作的双项考核，合格者持特种作业操作证上岗作业。

⑤操作工人。新入场工人必须经过三级安全教育，考试合格后持上岗证上岗作业。

（2）施工现场安全教育的形式

①新工人的三级安全教育。三级安全教育是企业必须坚持的安全生产基本教育制度。

对新工人（包括新招收的合同工、临时工、学徒工、农民工及实习和代培人员）必须进行公司、项目、作业班组三级安全教育，时间不得少于 40h。三级安全教育由安全、教育和劳资等部门配合组织进行。经教育考试合格者才准许进入生产岗位，不合格者必须补课、补考。对新工人的三级安全教育情况，要建立档案（印制职工安全生产教育卡）。新工人工作一个阶段后还应进行重复性的安全再教育，加深安全感性、理性知识的意识。

②转场安全教育。新转入施工现场的工人必须进行转场安全教育，教育时间不得少于 8 h。

③变换工种安全教育。凡改变工种或调换工作岗位的工人必须进行变换工种安全教育；变换工种安全教育时间不得少于 4h，教育考核合格后方准上岗。

④特种作业安全教育。从事特种作业的人员必须经过专门的安全技术培训，经考试合格取得操作证后方准独立作业。

⑤班前安全活动交底。班前安全活动交底即班前讲话。班前安全讲话作为施工队伍经常性安全教育活动之一，各作业班组长于每班工作开始前（包括夜间工作前）必须对本班组全体人员进行不少于 15min 的班前安全活动交底。班组长要将安全活动交底内容记录在专用的记录本上，各成员在记录本上签名。

⑥周一安全活动。周一安全活动作为施工项目经常性安全活动之一，每周一开始工作前应对全体在岗工人开展至少 1h 的安全生产及法治教育活动。活动形式可采取看录像、听报告、分析事故案例、图片展览、急救示范、智力竞赛、热点辩论等形式进行。

⑦季节性施工安全教育。进入雨季及冬期施工前，在现场经理的部署下，由各区域责任工程师负责组织本区域内施工的分包队伍管理人员及操作工人进行专门的季节性施工安全技术教育，时间不少于 2h。

4. 安全技术交底

安全技术交底是指导工人安全施工的技术措施，是项目安全技术方案的具体落实。安全技术交底一般由技术管理人员根据分部、分项工程的具体要求特点和危险因素编写，是操作者的指令性文件，因而要具体、明确、针对性强，不得用施工现场的安全纪律、安全检查等制度代替，在进行工程技术交底的同时进行安全技术交底。安全技术交底与工程技术交底一样，实行分级交底制度。

5. 安全生产检查

工程项目安全检查的目的是消除隐患、防止事故、改善劳动条件及提高员工安全生产意识，是安全控制工作的一项重要内容。

## （二）施工现场防火防爆及保安管理

### 1. 施工现场防火防爆

（1）建立防火防爆知识宣传教育制度。组织施工人员认真学习《中华人民共和国消防条例》和公安部《关于建筑工地防火的基本措施》，教育参加施工的全体职工认真贯彻执行消防法规，增强全员的法律意识。

（2）建立定期消防技能培训制度。定期对职工进行消防技能培训，使所有施工人员都懂得基本防火防爆知识，掌握安全技术，能熟练使用工地上配备的防火防爆器具，能掌握正确的灭火方法。

（3）建立现场明火管理制度。施工现场未经主管领导批准，任何人不准擅自动用明火。从事电、气焊的作业人员要持证上岗（用火证），在批准的范围内作业。要从技术上采取安全措施，消除火源。

（4）存放易燃易爆材料的库房建立严格管理制度。现场的临建设施和仓库要严格管理，存放易燃液体和易燃易爆材料的库房，要设置专门的防火防爆设备，采取消除静电等防火防爆措施，防止火灾、爆炸等恶性事故的发生。

（5）建立定期防火检查制度。定期检查施工现场设置的消防器具，存放易燃易爆材料的库房、重点防火部位和重点工种的施工操作，不合格者责令整改，及时消除火灾隐患。

### 2. 施工现场消防器材管理

（1）各种消防梯经常保持完整完好。

（2）水枪经常检查，保持开关灵活、喷嘴畅通，附件齐全无锈蚀。

（3）水带充水后防骤然折弯，不被油类污染，用后清洗晾干，收藏时应单层卷起，竖放在架上。

（4）各种管接口和扣盖应接装灵便、松紧适度、无泄漏，不得与酸、碱等化学品混放，使用时不得摔压。

（5）消火栓按室内、室外（地上、地下）的不同要求定期进行检查和及时加注润滑油，消火栓井应经常清理，冬季采用防冻措施。

（6）工地设有火灾探测和自动报警灭火系统时，应由专人管理保持其处于完好状态。

### 3. 施工现场保安管理

施工现场保卫工作对现场的安全及工程质量成品保护有着重要意义，必须予以充分重视。一般施工现场的保安工作应由项目总承包单位负责或委托给施工总承包的单位负责。

施工现场的保卫工作十分重要，主要管理人员应在施工现场佩戴证明其身份的标志。

严格进行现场人员的进出管理。其中，施工现场保卫工作的内容如下：

（1）建立完整可行的保卫制度，包括领导分工、管理机构、管理程序和要求、防范措施等。组建一支精干负责、有快速反应能力的警卫人员队伍，并与当地公安机关取得联系，求得支持。当前，不少单位组建了经济民警队伍，这是一种比较好的形式。

（2）施工现场应设立围墙、大门和标牌（特殊工程，有保密要求的除外），防止与施工无关人员随意进出现场。围墙、大门、标牌的设立应符合政府主管部门颁发的有关规定。

（3）严格门卫管理。管理单位应发给现场施工人员专门的出入证件，凭证件出入现场。大型重要工程根据需要可实行分区管理，即根据工程进度，将整个施工现场划分为若干区域，分设出入口，每个区域使用不同的出入证件。对出入证件的发放管理要严肃认真，并应定期更换。

（4）一般情况下，项目现场谢绝参观，不接待会客。对临时来到现场的外单位人员、车辆等要做好登记。

### （三）施工现场安全事故管理

#### 1. 伤亡事故的分类

事故是指人们在进行有目的的活动过程中，发生了违背人们意愿的不幸事件，使其有目的的行动暂时或永久地停止。伤亡事故是指职工在劳动生产过程中发生的人身伤害、急性中毒事故。

（1）伤亡事故等级

根据《生产安全事故报告和调查处理条例》，按照事故的严重程度，伤亡事故分为：

①特别重大事故，是指造成30人以上死亡，或者100人以上重伤（包括急性工业中毒，下同），或者1亿元以上直接经济损失的事故。

②重大事故，是指造成10人以上30人以下死亡，或者50人以上100人以下重伤，或者5000万元以上1亿元以下直接经济损失的事故。

③较大事故，是指造成3人以上10人以下死亡，或者10人以上50人以下重伤，或者1000万元以上5000万元以下直接经济损失的事故。

④一般事故，是指造成3人以下死亡，或者10人以下重伤，或者1000万元以下直接经济损失的事故。

（2）伤亡事故类别

按照直接致使职工受到伤害的原因（伤害方式）分类。

①物体打击，指落物、滚石、锤击、碎裂崩块、碰伤等伤害，包括因爆炸而引起的物体打击。

②提升、车辆伤害，包括挤、压、撞、倾覆等。

③机械伤害，包括绞、碾、碰、割、戳等。

④起重伤害，指起重设备或操作过程中所引起的伤害。

⑤触电，包括雷击伤害。

⑥淹溺。

⑦灼烫。

⑧火灾。

⑨高处坠落，包括从架子、屋顶上坠落及从平地坠入地坑等。

⑩坍塌，包括建筑物、堆置物、土石方倒塌等。

⑪冒顶片帮。

⑫透水。

⑬放炮。

⑭火药爆炸，指生产、运输、储藏过程中发生的爆炸。

⑮瓦斯煤尘爆炸，包括煤粉爆炸。

⑯其他爆炸，包括锅炉爆炸、容器爆炸、化学爆炸，炉膛、钢水包爆炸等。

⑰煤与瓦斯突出。

⑱中毒和窒息，指煤气、油气沥青、化学、氧化碳中毒等。

⑲其他伤害，如扭伤、跌伤、野兽咬伤等。

2. 伤亡事故的处理程序

（1）迅速抢救伤员、保护事故现场

事故发生后，现场人员要有组织、听指挥，迅速做好抢救伤员工作，排除险情制止事故蔓延扩大；为事故调查分析需要，保护好事故现场。

（2）伤亡事故报告

施工项目发生伤亡事故，负伤者或者事故现场有关人员应立即直接或逐级报告。伤亡事故报告主要包括以下内容：

①事故发生（或发现）的时间、详细地点。

②发生事故的项目名称及所属单位。

③事故类别、事故严重程度。

④伤亡人数、伤亡人员基本情况。

⑤事故简要经过及抢救措施。

⑥报告人情况和联系电话。

（3）组织事故调查组

在接到事故报告后，企业主管领导应立即赶赴现场组织抢救，并迅速组织调查组开展事故调查：

①轻伤事故：由项目经理牵头，项目经理部生产、技术、安全、人事、保卫、工会等有关部门的成员组成事故调查组。

②重伤事故：由企业负责人或其指定人员牵头，企业生产、技术、安全、人事、保卫、工会、监察等有关部门的成员，会同上级主管部门负责人组成事故调查组。

③死亡事故：由企业负责人或其指定人员牵头，企业生产、技术、安全、人事、保卫、工会、监察等有关部门的成员，会同上级主管部门负责人、政府安全监察部门、行业主管部门、公安部门、工会组织组成事故调查组。

④重大死亡事故：按照企业的隶属关系，由省、自治区、直辖市企业主管部门或者国务院有关主管部门会同同级行政安全管理部门、公安部门、监察部门、工会组成事故调查组，进行调查。重大死亡事故调查组应邀请人民检察院参加，还可邀请有关专业技术人员参加。

（4）现场勘察

现场勘察是技术性很强的工作，涉及广泛的科技知识和实践经验，调查组对事故的现场勘察必须做到及时、全面、准确、客观。

（5）分析事故原因

①事故原因

直接原因。直接导致伤亡事故发生的机械、物质和环境的不安全状态，以及人的不安全行为，是事故的直接原因。

间接原因。事故中属于技术和设计上的缺陷，教育培训不够、未经培训，缺乏或不懂安全操作技术知识，劳动组织不合理，对现场工作缺乏检查或指导错误，没有安全操作规程或不健全，没有或不认真实施事故防范措施，对事故隐患整改不力等原因，是事故的间接原因。

主要原因。导致事故发生的主要因素是事故的主要原因。

②事故分析的步骤

A. 整理和阅读调查材料。

B. 对受伤部位、受伤性质、起因物、致害物、伤害方法、不安全状态、不安全行为七项内容进行分析。

C. 确定事故的直接原因。

D. 确定事故的间接原因。

E. 确定事故的责任者。

（6）制定事故预防措施

根据对事故原因的分析，制定防止类似事故再次发生的预防措施，在防范措施中，应把改善劳动生产条件、作业环境和提高安全技术措施水平放在首位，力求从根本上消除危险因素，切实做到"四不放过"。

（7）进行责任分析及结案处理

责任分析。在查清伤亡事故原因后，必须对事故进行责任分析，目的在于使事故责任者、单位领导人和广大职工群众吸取教训，接受教育，改进工作。

责任分析可以通过事故调查所确认的事实，根据事故发生的直接和间接原因按有关人员的职责、分工、工作状态和在具体事故中所起的作用，追究其所应负的责任；按照有关组织管理人员及生产技术因素，追究最初造成不安全状态的责任；按照有关技术规定的性质、明确程度、技术难度，追究属于明显违反技术规定的责任；不追究属于未知领域的责任。根据事故性质、事故后果、情节轻重、认识态度等，提出对事故责任者的处理意见。

事故报告书。填写《企业职工因工伤亡事故调查报告书》，经调查组全体人员签字后报批。如调查组内部意见有分歧，应在弄清事实的基础上，对照法律法规进行研究，统一认识。对个别仍持有不同意见的允许保留，并在签字时写明意见。

此外，应将企业营业执照复印件、事故现场示意图、反映事故情况的相关照片、事故伤亡人员的相关医疗诊断书、负责本事故调查处理的政府主管部门要求提供的与本事故有关的其他材料等资料作为附件，一同上报。

（8）事故结果

①事故调查处理结论应经有关机关审批后方可结案。伤亡事故处理工作一般应当在90d 内结案，特殊情况不得超过 180d。

②事故案件的审批权限，同企业的隶属关系及人事管理权限一致。

③对事故责任者的处理，应根据其情节轻重和损失大小，谁有责任，主要责任、次要责任，重要责任、一般责任，还是领导责任等，按规定给予处分。

④企业接到政府机关的结案批复后，进行事故建档，并接受政府主管部门的行政处罚。事故档案登记应包括以下内容：

A. 员工重伤、死亡事故调查报告书，现场勘察资料（记录、图纸、照片）。

B. 技术鉴定和试验报告。

C. 物证、人证调查材料。

D. 医疗部门对伤亡者的诊断结论及影印件。

E. 事故调查组人员的姓名、职务，并签字。

F. 企业或其主管部门对该事故所做的结案报告。

G. 受处理人员的检查材料。

H. 有关部门对事故的结案批复等。

## （四）环境管理与施工现场文明施工

**1. 施工现场文明施工**

（1）文明施工的组织与管理

施工现场文明施工是保持施工场地整洁、卫生，施工组织科学，施工程序合理的一种施工活动。实现文明施工，不仅要着重做好现场的场容管理工作，还要相应做好现场材料、机械、安全、技术、保卫、消防和生活卫生等方面的管理工作。

（2）文明施工工作内容

文明施工工作应包括下列内容：

①进行现场文化建设。

②规范场容，保持作业环境整洁卫生。

③创造有序生产的条件。

④减少对居民和环境的不利影响。

**2. 施工环境保护**

环境保护是按照法律法规、各级主管部门和企业的要求，保护和改善作业现场的环境，控制现场的各种粉尘、废水、废气、固体废弃物、噪声、振动等对环境的污染和危害。环境保护也是文明施工的重要内容之一。

给水排水工程分为给水工程和排水工程两个部分。给水工程大体上分为给水管道系统和给水处理系统。给水管道系统所承担的任务就是水的提升、水的输送和分配及水量调节。管道承担水的输送任务，而附属构筑物则起水压提升及水量调控等作用。给水处理系统简单地说就是向用户提供水量，保证水质，满足水压的一切工程设施。排水工程的任务就是保护环境免受污染、促进工农业生产的发展和保障人民健康与正常的生活。其主要内容为收集各种污水并及时将其输送到适当地点，经妥善处理后排放或者再利用。

给水排水工程已经发展成为城市建设和工业生产的重要基础，成为人类生命健康安全和工农业技术与生产发展的基础保障，同时也是高校专业教育和人才培养的重要专业领域。因此，必须加强给水排水管道工程的施工管理工作，从材料、工艺、验收各方面把好关，做好安全防范措施，实现水资源的节约利用和优化配置。

# 第六章　海绵城市建设与技术应用

## 第一节　海绵城市建设内涵解析

### 一、海绵城市理念的来源

海绵城市建设的核心是雨洪管理。国际上关于城市雨洪管理代表性的理念主要包括以下三方面：

美国的低影响开发（LID）：20世纪90年代，美国马里兰州普润斯·乔治县提出，用于城市暴雨最优化管理实践。采用源头削减、过程控制、末端处理的方法进行渗透、过滤、蓄存和滞留，防治内涝灾害，融合了基于经济及生态环境可持续发展的设计策略。其目的是维持区域天然状态下的水文机制，通过一系列的分布式措施构建与天然状态下功能相当的水文和土地景观，减轻城市化地区水文过程畸变带来的社会及生态环境负效应。

英国的城市可持续发展排水系统（SUDS）：其侧重"蓄、滞、渗"，提出了四种途径（储水箱、渗水坑、蓄水池、人工湿地）"消化"雨水，减轻城市排水系统的压力。

澳大利亚的水敏感性城市设计（WSUD）：其侧重"净、用"，强调城市水循环过程的"拟自然设计"。

在国内，尽管受国际低影响开发等理念影响，但是海绵城市相关研究与实践探索已有一定时间。海绵城市的明确提出并为社会各界所熟知始于2013年中央城镇化工作会议提出"建设自然积存、自然渗透、自然净化的海绵城市"。之后，住房和城乡建设部发布的《海绵城市建设技术指南——低影响开发雨水系统构建（试行）》指出：海绵城市是指城市能够像海绵一样，在适应环境变化和应对自然灾害等方面具有良好"弹性"，下雨时吸水、蓄水、渗水、净水，需要时将蓄存的水"释放"并加以利用。这一定义被不少文献采用。应当说，这些文献在一定程度上指出了海绵城市的主要功能及特征，但未能全面系统地回答"什么是海绵城市"这一根本性问题。

# 二、海绵城市建设应考虑的基本问题

海绵城市的内涵涉及对海绵城市基本功能和发展目标的理解，也会影响海绵城市的发展路径和建设内容。在阐述海绵城市概念时不能受低影响开发等理念的局限，应综合考虑以下三方面的问题：

## （一）城市水文及其伴生过程规律

从水文学观点来看，在城市环境下雨水的演进包括冠层截流、土壤入渗、地表洼蓄、陆表和水域蒸散、坡面径流及汇流过程、管网收集与排放、河网汇集与调控等环节，且耦合了水质、生态动力学等过程。

城市水问题是城市水文各环节及其伴生过程变化共同作用的结果。因此，流域水文规律是海绵城市的科学基础。对于海绵城市的内涵，一定要从城市水文过程的角度进行系统的认识和描述，不能只突出某一环节，其内涵的阐述要有利于构建更加完整、平衡和协调的城市水循环过程，体现出对地表水文过程的源头、中间和末端规律的重视。

## （二）中国城镇化进程中面临的主要水问题及其复杂关系

海绵城市建设作为城市水系统的重要治理模式，是城市生态文明建设的重要组成部分。因此，海绵城市建设必须有助于实质性地解决中国城镇化进程中的主要水问题。随着中国城镇化的快速发展，中国城市面临的洪涝灾害、水资源短缺、水环境污染及水生态退化几大水问题越来越突出并相互交织在一起，具有很强的复杂性。对于这些城市水问题，不能分而治之，而应当统筹解决。海绵城市应当体现对城市洪涝、水资源、水环境、水生态问题的系统考虑和综合治理，在适应环境变化方面具有良好的弹性和抗压性。作为城市发展战略，海绵城市要引领未来水系统治理乃至城市建设，要有前瞻性和全面性。

## （三）城市雨洪管理模式和措施之间的协调性

海绵城市强调充分发挥自然的作用，故在构建海绵城市时，应利用土壤、植被、水系的自然渗透、积存和净化能力。海绵城市的构建途径是多样的，绝不只有低影响开发措施。中国诸多城市人口和产业聚集程度极高，暴雨强度高，污染物排放量大、来源广，仅靠自然调蓄和净化难以实现雨洪高标准管理。海绵城市建设应该是城市及片区等不同尺度上与"绿色基础设施""灰色基础设施"的有机结合。城市水系统的治理需要对自然水循环和社会水循环统筹考虑，同时，在防洪标准上要考虑小区、城市及区域的协调。

海绵城市的内涵可以基本概括为：海绵城市是一种城市水系统综合治理模式，以城市水文及其伴生过程的物理规律为基础，以城市规划建设和管理为载体，有机结合"绿色基础设施、灰色基础设施"，充分发挥植被、土壤、河湖水系等对城市雨水径流的积存、渗透、净化和缓释作用，实现城市防洪治涝、水资源利用、水环境保护与水生态修复的有机结合，使城市能够减缓或降低自然灾害和环境变化的影响，具有良好的弹性和可恢复性。

## 三、海绵城市建设目标与指标

为科学、全面表征海绵城市的理念和内涵，突出海绵城市的核心内容和主要构建途径，引导海绵城市建设实践，须明确海绵城市建设的关键性指标，合理制定相应目标值。住房和城乡建设部发布的《海绵城市建设绩效评价与考核办法（试行）》以《海绵城市建设技术指南》为主要基础，共提出了六大类、18 项指标，包括水生态、水环境、水资源、水安全等方面，其中的主要指标包括年径流总量控制率、污水再生利用率、城市暴雨内涝灾害防治率、雨水资源利用率、生态岸线恢复、地下水位等。《水利部关于推进海绵城市建设水利工作的指导意见》提出了海绵城市建设水利工作的主要指标，包括防洪标准、降雨滞蓄率、水域面积率、地表水体水质达标率、雨水资源利用率、再生水利用率、防洪堤达标率、排涝达标率、河湖水系生态防护比例等。

不同行业由于专业背景和工作思路不同，设立的相关指标有较大不同。由于指标关系到海绵城市建设内容导向性和建设规模，因此一定要对其物理意义、计算方法严格论证。在制定指标及其目标值时，应注意以下四个方面的问题：

### （一）指标的物理意义及在气候、水文、地理方面的科学性

例如，反映雨水源头减排、集蓄利用能力的指标，在《海绵城市建设技术指南——低影响开发雨水系统构建（试行）》中用"年径流总量控制率"作为控制指标。一方面，这个指标（又解释为一定排频的降雨量控制率）定义不准确。指南中虽冠以"径流控制率"的名称，但实际上公式与径流并没有任何联系，径流控制率需要与城镇化后的降雨径流关系建立联系。另外，将降雨量控制率等同于径流控制率更是混淆了雨洪同频概念。另一方面，中国多数城市降雨在年内集中于汛期，甚至以几场暴雨的形式集中出现，径流控制效果与场次暴雨总量和时程分布有直接关系；不同地域的降雨特性不同，南北方差异很大，控制要求完全不同。因此，根据地域降雨特征来设置径流控制指标显然更加合理，同时对于控制指标的阈值需要进行科学的论证。

## （二）指标在监测、计算、评价方面的可操作性

海绵城市的相关指标不仅要有明确的物理意义，而且在监测、评价方面更应具有可操作性。城市暴雨导致的内涝及灾情在空间上具有分散性、多样性特征，它们并不是一个单因素指标，如何系统监测进而定量计算和评价指标都需要严谨考虑。

## （三）指标的尺度与具体时空范围的对应性

近年来，一些学者提出了诸如"一片天对一片地"的规划设计思路，这对于指导海绵城市建设十分重要。城市雨水径流具有分散性，城市雨洪管理措施也具有尺度性特征（如区域尺度、城市尺度、小区尺度等），同时不同空间范围之间还会相互影响。因此，在提出海绵城市的指标及其目标值时一定要明确时间和空间尺度或范围。

## （四）指标的地区差异性，要因城制宜，体现"一城一策"

对于海绵城市，在暴雨内涝防治、雨水资源利用、水污染治理、水生态修复方面设立一些共性的关键指标是必要的，但应该注意到，由于中国各城市自然地理和社会经济情况的多样性，水问题现状及成因也不同。中国南北方城市面临的问题不同，海绵城市的建设任务也不一样。因此，不同城市建设目标和指标也应不同，一定要能够体现对于解决本地水问题的导向性，避免目标与指标和措施单一趋同，缺少根据建设区自身的自然地理和水文条件确定的目标及阈值。

# 四、海绵城市建设功能与发展方向

海绵城市建设不仅要实现雨洪综合管理和利用，还要统筹考虑交通、市政、生态、景观等多种功能，与周边城市环境有机融合、和谐共存。因此，海绵城市是一项系统工程，是城市水系统的综合管理，在一定意义上也可上升到城市人居环境的重构。功能综合是海绵城市建设的前提。国外发达国家在这方面有着成功的经验，代表了城市水系统治理的发展方向。

我国海绵城市建设在功能规划发展方向上应注意以下问题：第一，尊重城市水循环及其伴生过程的自然规律，以河湖水系为骨架，合理规划布局，形成综合功能。城市河湖水系是城市水循环的骨架，是城市雨洪调节、净化、利用和水生态修复的主要空间。海绵城市构建要有流域概念，以城市河湖为核心，科学安排"渗、滞、蓄、净、用、排"和生态修复格局，合理布局各类措施和元素，实现多种功能的综合和协调。第二，海绵城市基础

设施及其功能与城市周边环境和谐融合。海绵城市的相关基础设施，不能与周边环境割裂，而是在功能及景观上要相互和谐与协调，要融入城市人居环境的整体构建。

## 五、地下排蓄系统

中国城市人口和建筑密集，城市水系受用地条件约束，修建地面排蓄水场所、恢复地表河道非常困难。因此，中国许多城市吸收国内外经验，强化地下排蓄系统建设，以强化雨洪排蓄能力。例如，广州开展了深隧排水工程试验段的建设，北京规划建设东西两条地下蓄排水廊道，深圳市也规划建设沿海深层排水隧道。地下排蓄系统的构建应因地制宜、科学规划推进。可以借鉴法国巴黎、马赛等城市雨洪地下排蓄设施建设的经验，主要建议如下：第一，新建地下排蓄设施应与原有排水系统合理衔接，构建层次分明、功能明确的雨洪排蓄体系。基于对区域雨洪径流特性和现有排水系统的评估，科学规划布局地下雨水调蓄设施。新建地下雨水调蓄设施要与原有排水系统有机衔接、完善配套，雨洪地下排蓄设施地下主体和地表环境应协调匹配。城市雨洪地下调蓄设施不仅是重要的水处理工程，也是重要的市政工程。法国马赛市中心 JulesGuesde 建设的地下蓄水设施不仅规模宏大，更重要的是与马赛地下主排水管道合理衔接，成为城市地表排水系统的一个组成部分。同时，JulesGuesde 地下雨洪调蓄池结构设计和空间布局有序，分为上、下两层。上层是管理人员工作空间，可以对设施运行情况进行监控和维护；下层是雨洪调蓄空间，径流排放装置、水质处理装置、水位监测设施和各类管线等，布局井然有序。第二，雨洪地下排蓄通道应兼具雨洪调控和水质净化功能，实现水量水质双控制。地下雨洪调蓄设施不仅是重要的径流调蓄设施，而且具有水环境改善功能；可以把城市地上污水处理设施置于地下，与雨洪调蓄设施匹配，不仅可以完善运用功能，还可以置换土地、筹集建设资金。马赛 JulesGuesde 调蓄池内部空间巨大，可用容积达 1.2 万立方米，可以很好地弥补地下管网排水能力的不足，调蓄周边雨洪；同时，该蓄水池还具有水质净化功能，其内部有专门的径流污染物沉积处理装置，可以削减雨洪污染物负荷。

## 六、海绵城市建设管理体制

海绵城市不仅要构建良性循环的城市水系，还要综合考虑城市交通、市政、环境、生态、景观等功能，并与城市总体规划、产业发展和空间布局有机融合。因此，海绵城市必须整体规划、系统布局、协同推进，才能取得建设效果。海绵城市不仅要重视基础设施建设，也要重视管理维护，还要应用现代高新技术，建立信息化、智慧化的信息监测平台和预测调度管理系统。

## （一）充分发挥多部门的协同、联动作用

海绵城市建设涉及城市规划、城市建设、建筑物布局、防洪治涝、水资源保护、水生态修复等多方面，需要系统认识城市水问题，统筹规划、综合安排；需要通过多部门的协同规划、同步联动，保障既定目标的实现。

## （二）科学规划海绵城市的顶层设计、系统布局

应当紧密结合城市自然地理、社会经济背景，在系统分析建设区域水问题及其成因的基础上，制订顶层设计方案，明确海绵城市建设目标、总体布局。

在顶层设计中，应从流域、区域、城市相结合的角度来系统分析城市水问题，理清脉络、举纲张目，科学安排雨洪管理格局和调控、修复措施，在不同尺度上设计建设方案。建立跨行业的技术机构，通过不同行业、学科的优势互补和交融，从整体上思考和规划，推动城市发展与水资源、水环境承载力相协调。

## （三）深度融合水科学与"互联网+"技术，建设智慧型海绵城市

海绵城市建设应以智能化为重要发展方向，通过深度融合城市科学、水科学与"互联网+"技术，使海绵城市建设成为科技创新、产业发展的重要载体，带动城市发展升级。尤其要注重"互联网+"技术在雨洪监测中的深度应用，通过智能传感技术，立体监测城市雨洪信息，实时掌握雨洪运动状态；耦合气象、水文模型，强化暴雨洪涝预警预报；采用大数据分析和云计算技术，实现城市水系统智能调控和精细化管理，使城市快捷、智慧、弹性地应对水问题。

# 第二节　海绵城市建设对工程设计的要求

## 一、工程设计的基本要求

在海绵城市低影响开发雨水系统设计过程中，要充分考虑整个城市的多方面影响因素，结合城市总体规划、专项规划，有针对性地进行。城市建筑与小区、道路、绿地和广场、水系的低影响开发雨水系统建设项目，应以相关职能主管部门、企事业单位作为责任主体，落实有关低影响开发雨水系统的设计。城市规划建设相关部门应在城市规划、施工图设计审查、建设项目施工、监理、竣工验收备案等管理环节，加强对低影响开发雨水系

统建设情况的审查。适宜作为低影响开发雨水系统构建载体的新建、改建、扩建项目，应在园林、道路交通、排水、建筑等各专业设计方案中明确体现低影响开发雨水系统的设计内容，落实低影响开发控制目标。设计基本要求如下：第一，低影响开发雨水系统的设计目标应满足城市总体规划、专项规划等相关规划提出的低影响开发控制目标与指标要求，并结合气候、土壤及土地利用等条件，合理选择单项或组合的以雨水渗透、储存、调节等为主要功能的技术及设施。第二，低影响开发设施的规模应根据设计目标，经水文、水力计算得出。有条件的应通过模型模拟对设计方案进行综合评估，并结合技术经济分析确定最优方案。第三，低影响开发雨水系统设计的各阶段均应体现低影响开发设施的平面布局、竖向构造，及其与城市雨水管渠系统和超标雨水径流排放系统的衔接关系等内容。第四，低影响开发雨水系统的设计与审查（规划总图审查、方案及施工图审查）应与园林绿化、道路交通、排水、建筑等专业相协调。

## 二、设计流程

海绵城市低影响开发雨水系统设计包括现状评估、设计目标、方案设计、竖向设计、模拟分析、设施布局与规模及技术可行论证等方面。

## 三、建筑与小区设计

建筑屋面和小区路面径流雨水应通过有组织的汇流与转输，经截污等预处理后引入绿地内的以雨水渗透、储存、调节等为主要功能的低影响开发设施。因空间限制等不能满足控制目标的建筑与小区，径流雨水还可通过城市雨水管渠系统引入城市绿地与广场内的低影响开发设施。低影响开发设施的选择应因地制宜、经济有效、方便易行，比如，结合小区绿地和景观水体优先设计生物滞留设施、渗井、湿塘和雨水湿地等。

### （一）场地设计

第一，应充分结合现状地形地貌进行场地设计与建筑布局，保护并合理利用场地内原有的湿地、坑塘、沟渠等。第二，应优化不透水硬化面与绿地空间布局，建筑、广场、道路周边宜布置可消纳径流雨水的绿地。建筑、道路、绿地等竖向设计应有利于径流汇入低影响开发设施。第三，低影响开发设施的选择除生物滞留设施、雨水罐、渗井等小型、分散的低影响开发设施外，还可结合集中绿地设计渗透塘、湿塘、雨水湿地等相对集中的低影响开发设施，并衔接整体场地竖向与排水设计。第四，景观水体补水、循环冷却水补水及绿化灌溉、道路浇洒用水等非传统水资源宜优先选择雨水。按绿色建筑标准设计的建筑与小区，其非传统水资源利用率应满足《绿色建筑评价标准》的要求。第五，有景观水体的小区，景观水体宜具备雨水调蓄功能。景观水体的规模应根据降雨规律、水面蒸发量、雨水回用量等，通过全年水量平衡分析确定。第六，雨水进入景观水体之前应设置前置塘、植被缓冲带等预处理设施，同时可采用植草沟转输雨水，以降低径流污染负荷。景观水体宜采用非硬质池底及生态驳岸，为水生动植物提供栖息或生长条件，并通过水生动植物对水体进行净化，必要时可采取人工土壤渗滤等辅助手段对水体进行循环净化。

## （二）建筑设计

第一，屋顶坡度较小的建筑可采用绿色屋顶，绿色屋顶的设计应符合《屋面工程技术规范》的规定。第二，宜采取雨落管断接或设置集水井等方式将屋面雨水断接并引入周边绿地内小型、分散的低影响开发设施，或通过植草沟、雨水管渠将雨水引入场地内的集中调蓄设施。第三，应优先选择对径流雨水水质没有影响或影响较小的建筑屋面及外装饰材料。第四，水资源紧缺地区可考虑优先将屋面雨水进行集蓄回用，净化工艺应根据回用水水质要求和径流雨水水质确定。雨水储存设施可结合现场情况选用雨水罐、地上或地下蓄水池等设施。当建筑层高不同时，可将雨水集蓄设施设置在较低楼层的屋面上，收集较高楼层建筑屋面的径流雨水，从而借助重力供水而节省能量。第五，应限制地下空间的过度开发，为雨水回补地下水提供渗透路径。

## （三）小区道路设计

第一，道路横断面设计应优化道路横坡坡向、路面与道路绿化带及周边绿地的竖向关系等，便于径流雨水汇入绿地内低影响开发设施。第二，路面排水宜采用生态排水的方式。路面雨水首先汇入道路绿化带及周边绿地内的低影响开发设施，并通过设施内的溢流排放系统与其他低影响开发设施或城市雨水管渠系统、超标雨水径流排放系统相衔接。第三，路面宜采用透水铺装，透水铺装路面设计应满足路基路面强度和稳定性等要求。

## （四）小区绿化设计

第一，绿地在满足改善生态环境、美化公共空间、为居民提供游憩场地等基本功能的前提下，应结合绿地规模与竖向设计，在绿地内设计可消纳屋面、路面、广场及停车场径流雨水的低影响开发设施，并通过溢流排放系统与城市雨水管渠系统和超标雨水径流排放系统有效衔接。第二，道路径流雨水进入绿地内的低影响开发设施前，应利用沉淀池、前置塘等对进入绿地内的径流雨水进行预处理，防止径流雨水对绿地环境造成破坏。第三，低影响开发设施内植物宜根据水分条件、径流雨水水质等进行选择，宜选择耐盐、耐淹、耐污等能力较强的乡土植物。

## 四、城市道路设计

城市道路径流雨水应通过有组织的汇流与转输，经截污等预处理后引入道路红线内、外绿地内，并通过设置在绿地内的以雨水渗透、储存、调节等为主要功能的低影响开发设施进行处理。低影响开发设施的选择应因地制宜、经济有效、方便易行，比如，结合道路绿化带和道路红线外绿地，优先设计下沉式绿地、生物滞留带、雨水湿地等。

第一，城市道路应在满足道路基本功能的前提下达到相关规划提出的低影响开发控制目标与指标要求。为保障城市交通安全，在低影响开发设施的建设区域，城市雨水管渠和泵站的设计重现期、径流系数等设计参数应按《室外排水设计规范》中的相关标准执行。第二，道路人行道宜采用透水铺装，非机动车道和机动车道可采用透水沥青路面或透水水泥混凝土路面。透水铺装设计应满足国家有关标准规范的要求。第三，道路横断面设计应优化道路横坡坡向、路面与道路绿化带及周边绿地的竖向关系等，便于径流雨水汇入低影响开发设施。第四，规划作为超标雨水径流行泄通道的城市道路，其断面及竖向设计应满足相应的设计要求，并与区域整体内涝防治系统相衔接。第五，路面排水宜采用生态排水的方式，也可利用道路及周边公共用地的地下空间设计调蓄设施。路面雨水宜首先汇入道路红线内绿化带，当红线内绿地空间不足时，可由政府主管部门协调，将道路雨水引入道路红线外城市绿地内的低影响开发设施进行消纳。当红线内绿地空间充足时，也可利用红线内低影响开发设施消纳红线外区域的径流雨水。低影响开发设施应通过溢流排放系统与城市雨水管渠系统相衔接，保证上下游排水系统的顺畅。第六，城市道路绿化带内低影响开发设施应采取必要的防渗措施，防止径流雨水下渗对道路路面及路基的强度和稳定性造成破坏。第七，城市道路经过或穿越水源保护区时，应在道路两侧或雨水管渠下游设计雨水应急处理及储存设施。雨水应急处理及储存设施的设置，应具有截污与防止在发生事故情况下泄漏的有毒有害化学物质进入水源保护地的功能，可采用地上式或地下式。第八，在道路径流雨水进入道路红线内外绿地内的低影响开发设施前，应利用沉淀池、前置塘等对进入绿地内的径流雨水进行预处理，防止径流雨水对绿地环境造成破坏。第九，低影响开发设施内植物宜根据水分条件、径流雨水水质等进行选择，宜选择耐盐、耐淹、耐污等能力较强的乡土植物。第十，城市道路低影响开发雨水系统的设计应满足《城市道路工程设计规范》中的相关要求。

## 五、城市绿地与广场设计

城市绿地、广场及周边区域径流雨水应通过有组织的汇流与转输，经截污等预处理后引入城市绿地内的以雨水渗透、储存、调节等为主要功能的低影响开发设施，消纳自身及周边区域径流雨水，并衔接区域内的雨水管渠系统和超标雨水径流排放系统，提高区域内涝防治能力。低影响开发设施的选择应因地制宜、经济有效、方便易行，比如，湿地公园和有景观水体的城市绿地与广场宜设计雨水湿地、湿塘等。

第一，城市绿地与广场应在满足自身功能（如吸热、吸尘、降噪等生态功能，为居民提供游憩场地和美化城市等功能）的条件下，达到相关规划提出的低影响开发控制目标与指标要求。第二，城市绿地与广场宜利用透水铺装、生物滞留设施、植草沟等小型、分散式低影响开发设施消纳自身径流雨水。第三，城市湿地公园、城市绿地中的景观水体等宜具有雨水调蓄功能。通过雨水湿地、湿塘等集中调蓄设施，消纳自身及周边区域的径流雨水，构建多功能调蓄水体，并通过调蓄设施的溢流排放系统与城市雨水管渠系统和超标雨水径流排放系统相衔接。第四，规划承担城市排水防涝功能的城市绿地与广场，其总体布局、规模、竖向设计应与城市内涝防治系统相衔接。第五，城市绿地与广场内湿塘、雨水湿地等雨水调蓄设施应采取水质控制措施，利用雨水湿地、生态堤岸等设施提高水体的自净能力，有条件的可设计人工土壤渗滤等辅助设施对水体进行循环净化。第六，应限制地下空间的过度开发，为雨水回补地下水提供渗透路径。第七，周边区域径流雨水在进入城市绿地与广场内的低影响开发设施前，应利用沉淀池、前置塘等进行预处理，防止径流雨水对绿地环境造成破坏。有降雪的城市还应采取措施对含融雪剂的融雪水进行弃流，弃流的融雪水宜经处理（如沉淀等）后排入市政污水管网。第八，低影响开发设施内植物宜根据设施水分条件、径流雨水水质等进行选择，宜选择耐盐、耐淹、耐污等能力较强的乡土植物。第九，城市公园绿地低影响开发雨水系统设计应满足《公园设计规范》中的相关要求。

## 六、城市水系设计

城市水系设计应根据其功能定位、水体现状、岸线利用现状及滨水区现状等，进行合理保护、利用和改造，在满足雨洪行泄等功能条件下，实现相关规划提出的低影响开发控制目标及指标要求，并与城市雨水管渠系统和超标雨水径流排放系统有效衔接。

第一，应根据城市水系的功能定位、水体水质等级与达标率、保护或改善水质的制约因素与有利条件、水系利用现状及存在问题等因素，合理确定城市水系的保护与改造方案，使其满足相关规划提出的低影响开发控制目标与指标要求。第二，应保护现状河流、湖泊、湿地、坑塘、沟渠等城市自然水体。第三，应充分利用城市自然水体设计湿塘、雨水湿地等具有雨水调蓄与净化功能的低影响开发设施，湿塘、雨水湿地的布局、调蓄水位等应与城市上游雨水管渠系统、超标雨水径流排放系统及下游水系相衔接。第四，规划建设新的水体或扩大现有水体的水域面积，应与低影响开发雨水系统的控制目标相协调，增加的水域宜具有雨水调蓄功能。第五，应充分利用城市水系滨水绿化控制线范围内的城市公共绿地，在绿地内设计湿塘、雨水湿地等设施调蓄、净化径流雨水，并与城市雨水管渠的水系入口、经过或穿越水系的城市道路的排水口相衔接。第六，滨水绿化控制线范围内的绿化带接纳相邻城市道路等不透水面的径流雨水时，应设计为植被缓冲带，以削减径流流速和污染负荷。第七，有条件的城市水系，其岸线应设计为生态驳岸，并根据调蓄水位变化选择适宜的水生及湿生植物。第八，城市水系低影响开发雨水系统的设计应满足《城市防洪工程设计规范》中的相关要求。

## （一）城市河流的生态防洪设计

确保城市河流的防洪功能是城市河流景观建设的前提与保障，海绵城市河流生态防洪设计应体现生态防洪的治水理念。在城市上游规划季节性滞洪湿地，营造微地形，调整用地结构，充分发挥天然的蓄水容器（水网、植被、土壤、凹地）的蓄水功能，尽可能滞蓄洪水。洪水过后，又从这些蓄水容器中不断对河流进行补充，保障河流基本需水量。基于生态防洪理念，为了满足河流防洪和景观兼顾的要求，应针对城市河流的河道断面设计一个能够常年保证有水的河道及能够适应不同水位、水量的河床。

1. 河道断面设计

（1）复式河道断面

它是北方城市河流使用最广的河道断面形式，能较好地解决河流景观和城市防洪的矛盾。主河槽在行洪或蓄水时，既能保证有一定的水深，又能为鱼类、昆虫、两栖动物的生存提供基本条件，同时还能满足一定年限的防洪要求。主河槽两岸的滩地在洪水期间行洪，平时则成为城市中理想的绿化开敞空间，具有很好的亲水性和亲绿性，能满足居民休闲、游憩、娱乐的需要。主河槽宽度与深度根据防洪要求及城市景观而确定，大体分为两种，即单槽复式河道断面和双槽复式河道断面。单槽复式断面多用于较窄的河道，可采用翻板闸、滚水坝或橡胶坝蓄水，也可不蓄水。双槽复式断面多用于较宽的河道，较宽的河槽用于蓄水，较窄的河槽用于满足常年河道径流。河道内两侧绿化可根据水利行洪要求设置一、二级台地，以适应防洪及景观规划的布局和要求。

（2）梯形河道断面

适用于水位变化不大的河流或蓄水段河道，正常水位以下采用矩形干砌石断面，常水位以上可采用铅丝笼覆土或其他生态斜坡护岸，以创造生物栖息的水陆交接地带，有利于堤防的防护和生态环境的改善。为增加城市居民的亲水性，该梯形断面两侧可根据周边用地拓展部分浅水区域，创造丰富的生物栖息场所和亲水空间。

2. 河岸平面线形的修复

天然的河流有凹岸、凸岸，有浅滩和沙洲，既为各种生物创造了适宜的生境，又可降低河水流速、蓄洪涵水、削弱洪水的破坏力。因此，为了保留城市河流的景观价值和生态功能，河道走向应尽量保持河道的自然弯曲，不强求顺直，营造出接近自然的河流形态。河岸平面线形修复的主要措施如下：①恢复河流蜿蜒曲折的形态，宜弯则弯，河岸边坡有陡有缓，堤线距水面应有宽有窄。在一定长度内，使水流速度有快有慢，在岸边可以造成滞流、回流，以便动物的生长繁殖。②恢复河道的连续性，拆除废旧拦河坝、堰，将直立的跌水改为缓坡，并在落差大的断面（如水坝）设置专门的鱼道。③重现水体流动多样性，人工营造出的浅滩、河底埋入自然石头、修建的丁坝、鱼道等有利于形成水的紊流。④利用与河流连接的湖泊、荒滩等进行滞洪。在保持河道平面的曲折变化的同时，在纵面规划中还要保留自然状态下交替出现深潭和浅滩，保留河岸树林、陡坡、河滩洼地等，以增加河流生态系统的生物多样性，为鱼类等水生生物提供良好的生境异质性，并尽可能地不设挡水建筑物，以确保河流的连续性和鱼类的通道。

## （二）改善河流水体环境的设计

1. 控污和截污

河流污染治理必须加强源头控制，对工业废水、生活污水和垃圾进行妥善处理。一般治理措施分为工程措施和非工程措施。

（1）工程措施

①建造河流截污管网工程和污水处理厂。在河流两岸的滨河路下或在河道内修建截污管涵，将城市河流两岸污水截留送到污水处理厂，经过达标处理后中水回用或再汇入河道。②建立垃圾处置收集系统，把原先堆放在河岸边的垃圾进行集中收集处理，使垃圾入河现象得到有效控制。

（2）非工程措施

①加强各类重点污染源的综合整治；②全面提高市民保护河流生态环境的意识；③把河道整治与沿河土地开发结合起来，避免过度开发；④整体规划，统一管理。

## 2. 生物治污，恢复河水自净能力

对城市段河流或河流流域加强生态和景观协同的规划，实现生物治污和恢复河水自净能力的效果。主要措施如下：①保护和恢复水生植物；②构建水生动物的栖息生境；③建造人工湿地和恢复水体周边的岸边湿地，实现对污水的节流和净化；④合理采用水体生态–生物修复技术。

## 3. 保证河流生态环境需水量

对河流生态系统来说，为保持系统的生态平衡，必须维持一部分有质量保证的水量，以满足河流本身、河岸带及其周围环境之间的物质、能量及信息交换功能即河流生态环境功能的需要。

对城市季节性河流来说，生态环境需水主要包括维持自身生态系统平衡所需的水量、蒸发、渗漏量及河岸绿地需水量等。其中，蒸发、渗漏、绿地需水量都可以定量计算出来，而维持自身生态系统平衡所需的水量较难计算，至今没有统一的标准。根据国内外经验，多年平均径流量的10%将提供维持水生栖息地的最低标准，多年平均径流量的20%将提供适宜标准。因此，在河流恢复设计中，要保证河流平均径流量在10%以上，维持河流生态系统的基本需水要求，维持河流的生命健康。

## （三）生态堤岸的设计

生态型堤岸是改造原有护岸结构，修建生态型护岸的理想形式。按所用主要材料的不同，生态堤岸设计模式可分为刚性堤岸、柔性堤岸和刚柔结合型堤岸。

### 1. 刚性堤岸

刚性堤岸主要由刚性材料，如块石、混凝土块、砖、石笼、堆石等构成，但建造时不用砂浆，而是采用干砌的方式，留出空隙，以利于滨河植物的生长。随着时间的推移，堤岸会逐渐呈现出自然的外貌。处理方式主要有台阶式、斜坡式、垂直挡墙式、亲水平台式等。刚性堤岸可以抵抗较强的水流冲刷，且相对占地面积小，适合于用地紧张的城市河流。其不足之处在于：可能会破坏河岸的自然植被，导致现有植被覆盖和自然控制侵蚀能力的丧失，同时人工的痕迹也比较明显。刚性堤岸设计模式主要用于景点、节点等的亲水空间，一般占整个治理河流岸线的比例较低，主要是丰富河流堤岸景观，为游人创造宜人的亲水空间。

### 2. 柔性堤岸

柔性堤岸可分为两类，即自然原型堤岸和自然改造型堤岸。自然原型堤岸是将适于滨河地带生长的植被种植在堤岸上，利用植物的根、茎、叶来固堤。该类型适合于用地充足、岸坡较缓、侵蚀不严重的河流，或人工设置的浅水区、湖泊，是最接近自然状态的河岸，生态效益最好。自然改造型堤岸主要用植物切枝、枯枝或植株，并与其他材料相结合来防止侵蚀、控制沉积，同时为生物提供栖息地。该类型可适当弥补自然原型堤岸的不足，增强堤岸抗冲刷、抗侵蚀的能力。

### 3. 刚柔结合型堤岸

刚柔结合型堤岸综合了以上两种堤岸的优点，具有人工结构的稳定性和自然的外貌，见效快、生态效益好，尤其适合北方地区城市河流堤岸的改造。城市河流较常用的堤岸有铅丝石笼覆土堤岸、格宾石笼覆土堤岸、植物堆石堤岸和插孔式混凝土块堤岸等几种形式。

## （四）河岸植被缓冲带的设计

河岸植被缓冲带是位于水面和陆地之间的过渡地带；呈带状的邻近河流的植被带，是介于河流和高地植被之间的生态过渡带。河岸植被缓冲带能为水体与陆地交错区域的生态系统形成过渡缓冲，将自然灾害的影响或潜在的对环境质量的威胁加以缓冲，可以有效地过滤地表污染物，防止其流入河流对水体造成污染。河岸植被缓冲带能为动植物的生存创造栖息空间，提高河流生物与河流景观的多样性，还能起到稳定河道、减小灾害的作用，并能作为临水开敞空间，是市民休闲娱乐、游憩健身、认识自然、感受自然的理想场所。科学地设计缓冲带是使河流景观恢复的重要基础，在设计中要考虑选址、植被的宽度和长度、植被的组成等因素。

### 1. 河岸植被缓冲带的选址

合理地设置缓冲带的位置是保证其有效拦截雨水径流的先决条件。根据实际地形，缓冲带一般设置在坡地的下坡位置，与径流流向垂直布置；在坡地长度允许的情况下，可以沿等高线多设置几条缓冲带，以削减水流的冲刷能量。如果选址不合理，大部分径流会绕过缓冲带，直接进入河流，其拦截污染物的作用就会大大减弱。一般的做法是沿河流全段设置宽度不等的河岸植被缓冲带。

### 2. 河岸植被缓冲带的宽度

到目前为止，研究人员还没有得到一个比较统一的河岸植被缓冲带的有效宽度。根据国内外对河岸植被缓冲带的研究，考虑到满足动植物迁移和传播、生物多样性保护功能及能有效截留过滤污染物等因素，目前我国普遍使用30m宽的河岸植被带作为缓冲区的最小值。当宽度大于30m时，能有效地起到降低温度、增加河流中食物的供应和有效过滤污染物等作用；当宽度大于80m时，能较好地控制水土流失和河床沉积。

### 3. 河岸植被缓冲带的结构

目前，我国已治理的城市河流大都留出一定宽度的植被带，但是树种结构或较为单一，或硬化面积比重过大，或仅注重园林植物的层次搭配、色彩呼应，植被带的植被结构较少考虑植被缓冲带综合功能的发挥。河岸植被缓冲带通常由三部分组成。紧邻水边的河岸区需要至少 10m 的宽度，植被带包括本地成熟林带和灌丛，不同种类的组合形成一个长期而稳定的落叶群落。对该区的管理强调稳定性，保证植被不受干扰。位于中部的中间区，位于河岸区和外部区之间，是植物品种最为丰富的地区，以乔木为主，利用稳定的植物群落来过滤和吸收地表径流中的污染物质，同时结合该地区的地形地貌，设置基础服务设施，满足游人游憩、休闲等户外活动的需求。根据河流级别、保护标准、土地利用情况，中间区的宽度为 30~100m。外部区位于河岸带缓冲系统的最外侧，是三个区中最远离水面的区域，同时是与周围环境接触密切的地区，主要作用是拦截地表径流，减缓地表径流的流速，提高其向地下的渗入量。种植的植被可为草地和草本植物，主要功能是减少地表径流携带的面源污染物进入河流。外部区可以作为休闲活动的草坪和花园等。

# 第三节　海绵城市的技术应用

## 一、保护修复技术

生态驳岸指在河道驳岸处理过程中，将硬化驳岸恢复为自然河岸或具有自然河流特点的可渗透性的人工驳岸，以减少人工驳岸对河流自然环境的影响。生态驳岸的建设首先要保证城市的防洪排涝对驳岸侵蚀、冲刷和防洪标高的要求，并采用碎石、石笼、生态混凝土等具有一定抗冲刷能力的材料和结构作为基础，栽植耐水湿乔木、灌木和水生、湿生植物；根据常水位及储存水位等不同水位的变化幅度，选择适宜的植物种类。

## 二、渗透技术

透水铺装可由透水混凝土、透水沥青、可渗透连锁铺装和其他材料构成。透水铺装结构应符合《透水砖路面技术规程》《透水沥青路面技术规程》和《透水水泥混凝土路面技术规程》相关规定。透水铺装使路基强度和稳定性存在较大风险时，可采用半透水铺装；土壤透水能力有限时，应在透水基层内设置排水管或排水板；当透水铺装设置在地下室顶板上时，其覆土厚度不应小于 600mm，并应增设排水层。

# 三、储存技术

## （一）雨水调蓄池

雨水调蓄池指具有很大的蓄水能力，兼具良好滞洪、净化等生态功能的雨洪集蓄利用设施。蓄水池可采用混凝土池、塑料模块蓄水池、硅砂砌块水池等。蓄水池可分为开敞式和封闭式、矩形池和圆形池。蓄水池的有效储水容积应大于集水面重现期 1~2 年的日径流总量扣除设计初期径流弃流量。蓄水池典型构造可参照《海绵型建筑与小区雨水控制及利用》。

## （二）湿塘

湿塘是指具备雨水调蓄和净化功能的景观水体，雨水是其主要补水水源。例如，由于一些地区水流往复波动，无定向水流，湿塘一般沿驳岸边标高位置设置一定碎石或植被缓冲区，接纳汇水区径流，削减大颗粒污染物，在暴雨时发挥调蓄功能。湿塘长宽比为 3∶1 到 4∶1，有效水深为 0.5~1m，总面积为 750~1500m²，BODs 负荷为 4~12g/（m²·d）。湿塘的建设应接纳汇水区径流处，采用碎石、消能坎等设施，防止水流冲刷和侵蚀；采用碎石或水生植物种植区作为缓冲区，削减大颗粒沉积物；主塘包括常水位以下（或暴雨季节闸控最低水位）的永久容积，永久容积水位线以上至最高水位为具有峰值流量削减功能的调节容积。

## （三）人工湿地

利用湿地净化原理设计为表面流或垂直流的高效雨水径流污染控制设施，一般应用于可生化降解的有机污染物和 N、P 等营养物质，颗粒物负荷较高的雨水初期径流应设置前端调节或初期雨水弃流设置。潜流人工湿地表面没有水，表流人工湿地表面水深为 0.6~0.7m，水力停留时间为 7~10d，水力坡度为 0.5%，表面积约为 4000m²。人工湿地需要一定的地形高差形成定向水流，选择具备一定耐污能力的水生湿生植物。

# 四、传输净化技术

## （一）绿色屋顶

绿色屋顶是用植物材料代替裸露的屋顶材料，植物覆盖能够滞留和蒸发雨水，其功能是减少雨水径流。基质深度可根据植物需求及屋顶荷载确定,除种植层外,应有净化过滤层,厚度不小于50cm,种植坡度不大于11°。一般设施规模高层阳台面积为5~15m²,单户楼顶面积为60~150m²,别墅为20~120m²。绿色屋顶的设计可参考《种植屋面工程技术规程》,其栽培基质应轻质、渗透性良好,富含有机质和矿物质;植被层的植物选择应以浅根系植物为主,以防植物根系刺穿防水层。根据种植基质深度,可种植景天科、禾本科等多年生草本植物,以及部分花灌木、小乔木等植物材料。

## (二)生态植草沟

植草沟是通过种植密集的植物来处理地表径流的设施,利用土壤、植被和微生物来过滤雨水、减缓径流,可用于衔接其他各单项设施、城市雨水管渠和超标雨水径流排放系统。主要有传输型植草沟、渗透型的干式植草沟和常有水的湿式植草沟,可分别提高径流总量和径流污染控制效果。

对于不透水铺装停车场,植草沟面积约为停车场面积的1/4,中小型停车场中宽度为1.5~2m,大型停车场中宽度约为2m;对于透水铺装或草坪的停车场,植草沟面积为停车场面积的1/10~1/8,中小型停车场中宽度为0.6~1m,大型停车场宽度约为1m。对于不透水铺装广场,植草沟面积约为广场面积的1/4,宽度为1.5~2m;对于透水铺装广场,植草沟面积为广场面积的1/10~1/8,宽度>0.6m。对于交通型的道路,植草沟面积为服务道路面积的1/4,宽度为汇水道路宽度的1/4,每段的长度为6~15m;对于生活型的道路,植草沟面积约为服务道路面积的1/4,宽度为汇水道路宽度的1/4,但不小于0.4m。

植草沟的浅沟断面形式宜采用倒抛物线形、三角形或梯形;植草沟的边坡坡度(垂直:水平)不宜大于1:3,纵坡不应大于4%。纵坡较大时宜设置为阶梯形植草沟或在中途设置消能台坎;植草沟流速应小于0.8m/s,曼宁系数宜为0.2~0.3;传输型植草沟内植被高度宜控制在100~200mm。

## (三)雨水花园

雨水花园是自然形成或人工挖掘的浅凹绿地,种植灌木、花草,形成小型雨水滞留入渗设施,用于收集来自屋顶或地面的雨水,利用土壤和植物的过滤作用净化雨水,暂时滞留雨水并使之逐渐渗入土壤。

其中,地形开敞、径流量大的区域适用调蓄型雨水花园,可采用沸石作为填料层填料,厚度为50cm,排水层厚度为30cm;硬质铺装密集、径流污染严重的区域适用净化型雨水花园,可采用瓜子片作为填料层填料,厚度为50cm,排水层厚度为30cm;径流量较大、径流污染严重的区域适用综合功能型雨水花园，可采用改良种植土作为填料层填料，厚度为50cm，排水层厚度为30cm。

雨水花园的边线距离建筑物基础至少3m，防止雨水侵蚀建筑基础；雨水花园的位置不能选在靠近供水系统的地方或水井周边；雨水花园应选在地势平坦、土壤排水性良好的场地上，雨水下渗速度较快，对植物生长有利，且不易滋生蚊虫。雨水花园内应设置溢流设施，溢流设施顶部一般应低于汇水面100mm。

雨水花园应分散布置，规模不宜过大，汇水面积与雨水花园面积之比为20~25。常用雨水花园面积为30~40m²，蓄水层0.2m，边坡1/4。

### （四）种植池

种植池是有立体墙面、开放或闭合底部的城市下沉式绿地，吸收来自步行道、停车场和街道的径流。种植池中水位高出一定高度可通过设在种植池内的溢流口进入雨水径流排放系统。种植池在密集城市区域中是理想的节约空间的街景元素。

### （五）植被缓冲带

植被缓冲带为坡度较缓的植被区，经植被拦截和土壤下渗作用减缓地表径流流速，并去除径流中的污染物。植被缓冲带可采用道路林带与湿地沟渠相结合的形式。植被缓冲带坡度为2%~6%，宽度不宜小于2m。

## 五、低影响开发技术组合应用

低影响开发设施的选择应结合不同地块的水文地质、建筑密度、土地利用情况等实际条件，结合城市总体规划、专项规划及详细规划制定的控制目标，充分考虑设施的主要功能、经济适用性、景观效果等因素，选择效益最优的单项设施及其组合设施。设施组合系统中各设施的适用性应符合场地的土壤渗透性、地下水位、地形地势、空间条件等特点。雨水入渗设施不应对地下水造成污染，不应对居民的生活造成不便，不应对卫生环境和建筑安全产生负面影响。组合系统中各设施的主要功能应与规划控制目标相对应。在满足控制目标的前提下，要考虑组合系统中各设施的总成本是否最低，并综合考虑设施的环境效益和社会效益。

### （一）公共绿地中低影响开发技术组合应用

公共绿地（公园绿地、街旁绿地）是相对较为封闭的绿地系统，绿地内部包含了绿地、道路与建筑物等，公园绿地进行低影响开发应选择以雨水渗透、储存、净化为目的的设施。这些设施与区域内的雨水管渠系统和超标雨水径流排放系统相衔接，还可以根据场地条件不同，结合园林小品来灵活地进行适当设置。通过减少地表径流、增加雨水下渗、最大化利用雨水资源，实现公园绿地中可持续的雨水管理和利用。

公共绿地（含公园绿地和街旁绿地）应首先满足自身的生态功能、景观功能，在此基础上应达到相关规划提出的如径流总量控制率、绿地率、透水铺装率等低影响开发指标的要求。公园绿地适宜的低影响开发设施有植草沟、雨水花园、雨水调蓄池、种植池、透水铺装、植被缓冲带、生态驳岸、人工湿地、海塘等。

雨水利用以入渗及自然水体补水与生态净化应用为主，应避免采取建设维护费用高的净化设施。土壤入渗率低的公园绿地以储存、使用设施为主；公园绿地内景观水体应作为雨水调蓄设施，并与景观设计相结合。景观水体应设溢流口，超过设计标准的雨水可排入市政管网。景观水体可与蓄水设施、湿地建设有机结合，雨水经适当处理可用于公共绿地的灌溉、清洁用水。

低影响开发设施内植物宜根据设施水分条件、径流雨水水质进行选择，宜选用耐涝、耐旱、耐污染能力强的乡土植物。公共绿地低影响开发雨水系统设计应满足《公园设计规范》中的相关要求。有条件的河段可采用生态缓冲带、生态驳岸等工程设施，以降低径流污染负荷。

## （二）广场绿地中低影响开发技术组合应用

广场绿地是相对开放的绿地，该类型绿地选择的低影响开发设施应以雨水渗透、储存、净化等为主要功能，消纳自身及周边区域径流雨水，溢流雨水经雨水灌渠系统和超标雨水径流排放系统排入市政雨水管网。

广场绿地宜采用透水铺装、植草沟、雨水花园、种植池、人工湿地、绿色停车场等低影响开发设施消纳径流雨水。广场宜采用透水铺装，直接将雨水渗入地下，以有效回补地下水；除使用透水铺装外，应合理设置坡度，保证排水，使周围绿地能合理吸收利用雨水；机动车道等区域初期雨水有机污染物及悬浮固体污染物的含量较高，道路雨水收集回用前应设初期雨水弃流装置，将该部分径流收集排至市政雨水管网。其中，绿色停车场是指通过一系列低影响开发技术的综合运用来减少停车场的不可渗透铺装的面积。诸多常用的低影响开发单项技术均可综合运用到广场和停车场设计中，如植草沟、雨水花园、透水铺装等。

### （三）道路绿地中低影响开发技术组合应用

道路绿地是相对开放的绿地，该类型绿地选择的低影响开发设施应以雨水渗透、储存、净化等为主要功能，消纳自身及周边区域径流雨水，溢流雨水经雨水灌渠系统和超标雨水径流排放系统排入市政雨水管网。

道路绿地宜采用透水铺装、植草沟、雨水花园、种植池、人工湿地等低影响开发设施消纳径流雨水。人行道宜采用透水铺装，直接将雨水渗入地下，以有效回补地下水；除使用透水铺装外，应合理设置坡度，保证排水，使周围绿地能合理吸收利用雨水；机动车道等区域初期雨水有机污染物及悬浮固体污染物的含量较高，道路雨水收集回用前应设初期雨水弃流装置，将该部分径流收集排至市政雨水管网。城市道路绿化带内低影响开发设施应采取必要的防渗措施，防止径流雨水下渗破坏道路路面及路基，其设计应满足《城市道路工程设计规范》相关要求。

已建道路可通过降低绿化带标高、增加种植池、路缘石开口改造等方式将道路径流引到绿化空间的绿色基础设施，溢流设施接入原有市政排水管线或周边水系。新建道路可加宽人行道空间以预留绿色基础设施空间；结合道路纵坡及标准断面、市政雨水排放系统布局等，优先采用植草沟排水。自行车道、人行道及其他承载要求较低的路面，优先采用透水铺装材料。人行道行道树应当采用生态树池来收集树干径流和路面径流。道路红线内的绿地，应确保种植土层的厚度，种植乔木时，必须将下层建筑垃圾、土壤滞水层等破除，保障植物生长。低影响开发设施内植物应根据设施水分条件、径流雨水水质进行选择，宜选用耐涝、耐旱、耐污染能力强的乡土植物。道路中交通环岛、公交车站的绿色基础设施的布置应结合相邻绿化带、雨水口位置综合考虑，尽可能利用绿化带净化、削减径流。当道路红线外绿地空间有限或毗邻建筑与小区时，可结合红线内外的绿地，采用植草沟、雨水花园等雨水滞蓄设施净化、下渗雨水，减少雨水排放。当道路红线外绿地空间规模较大时，可结合周边地块条件设置人工雨水湿地、调蓄塘等雨水调节设施，集中消纳道路及部分周边地块雨水径流，并控制径流污染。

绿色街道是一种集合了透水表层、树木覆盖、景观元素的相融街道，通过把绿色基础设施元素整合成街道的形式来储存、过滤和蒸发雨水。绿色街道可减少雨水径流和降低面源污染，缓解汽车尾气带来的空气污染，将自然元素纳入街道，为慢行交通系统的通行提供机会。透水铺装、植草沟、种植池等均可用于绿色街道的设计。

### （四）附属绿地中低影响开发技术组合应用

附属绿地包括小区绿地、单位绿地等独立单元式的绿地，应将其建筑屋面和道路径流雨水通过有组织的汇流与传输，引入附属绿地内的雨水渗透、储存、净化等低影响开发设施。可通过对不透水铺装的面积限制、对屋顶排水的要求、植被浅沟和调蓄水池的设计等方面进行雨洪控制管理。

附属绿地可通过落水管截留、绿色屋顶、植草沟、雨水花园、种植池、透水铺装、人工湿地、湿塘、蓄水池等低影响开发设施来消纳自身径流雨水；可采取落水管截留设施将屋面雨水引入周边绿地内分散的植草沟、雨水花园等设施，再通过这些设施将雨水引入绿地内的蓄水池、湿塘、人工湿地等设施；附属绿地适宜位置可建雨水收集回用系统用于绿地灌溉；道路应采用透水铺装路面，透水铺装路面设计应满足路基路面强度和稳定性等要求。

建筑小区绿地包括居住用地、公共设施用地、工业用地、仓储用地的附属绿地，它们与绿色基础设施建设具有一定的相似性。建筑小区绿地绿色基础设施的目标以控制径流总量、雨水集蓄利用为主，污染较重区域辅以径流污染削减。适宜在建筑小区绿地使用的绿色基础设施主要有落水管截留技术、植草沟、雨水花园、透水铺装、生态树池、绿色屋顶、雨水收集利用设备、调蓄塘和人工雨水湿地。对既有建筑进行改造时，优先考虑雨落管断接方式，将建筑屋面、硬化地面雨水利用具有一定景观功能的明沟或者暗渠引入周边绿地中的绿色基础设施。坡度较缓（小于15°）的屋顶或平屋顶、绿化率较低、与雨水收集利用设施相连的建筑与小区（新建或改建），可考虑采用绿色屋顶。普通屋面的建筑可利用建筑周围绿地设置雨水花园等吸收和净化屋面雨水。居住区屋面表面应采用对雨水无污染或污染较小的材料，不宜采用沥青或沥青油毡。有条件时可采用种植屋面。屋面雨水收集回用前应设初期雨水弃流装置。低影响开发设施内植物宜根据设施水分条件、径流雨水水质进行选择，宜选用耐涝、耐旱、耐污染能力强的乡土植物。建议优先采用植草沟等自然地表排水形式输送、消纳、滞留雨水径流，减少小区内雨水管道的使用。在空间局限且污染较重区域，若设置雨水管道，宜采用雨水过滤池净化水质。

有水景的建筑小区绿地，应优先利用水景来收集和调蓄场地雨水，同时兼顾雨水蓄渗利用及其他设施。景观水体面积应根据汇水面积、控制目标和水量平衡分析确定。雨水径流经各种源头处理设施后方可作为景观水体补水和绿化用水。对于超标准雨水应进行溢流排放。无水景的建筑小区绿地，如果以雨水径流削减及水质控制为主，可以根据地形划分为若干个汇水区域，将雨水通过植草沟导入雨水花园，进行处理、下渗，对于超标准雨水溢流排入市政管道。如果以雨水利用为主，可以将屋面雨水经弃流后导入雨水桶进行收集利用，道路及绿地雨水经处理后导入地下雨水池进行收集利用。

对于大面积的停车场，应采用透水性铺装建设，并充分利用竖向设计，引导径流到场地内部或者周边的下沉式绿地中，下渗、调蓄、净化或利用雨水。

### （五） 防护绿地中低影响开发技术组合应用

防护绿地是指城市中具有卫生、隔离和安全防护功能的绿地，包括卫生隔离带、道路防护绿地、城市高压走廊绿带、防风林、城市组团隔离带等。防护绿地绿色基础设施的目标以控制地表径流和削减径流污染为主，雨水调节和收集利用为辅。适宜在防护绿地使用的绿色基础设施主要有植草沟、雨水花园、调蓄塘、植被缓冲带和生态驳岸。将防护绿地周边汇水面（如广场、停车场、建筑与小区等）的雨水径流通过合理竖向设计引入防护绿地，结合排涝规划要求，设计雨水控制利用设施。防护绿地内部浇灌养护设施与排水设施应合理设计，结合雨水回收利用设施，蓄水用于干旱季节的灌溉。在植被规划方面，尽量选择乡土树种。此外，结合防护绿地的类型，选择具备不同防护功能（如污染物的去除）的植物。

其中，防护林地作为城市平原河网地区重要的生态空间类型，在截留降雨、涵养水源、促进地表下渗、防洪排涝和滞留雨洪等方面发挥重要作用，是平原河网地区海绵城市建设的重要组成部分。林地自身及周边区域径流雨水应通过有组织的汇流与传输，引入林地内的以雨水渗透、储存、净化等为主要功能的低影响开发设施。

林地可通过植被冠层截留、植草沟、植被缓冲带、林地排水渠、人工湿地、湿塘等低影响开发设施来消纳自身及周边区域径流雨水。林地具备海绵城市功能的技术包括林相改造抚育、林地土壤和雨水系统改造、植被过滤带、湿塘、人工湿地等。根据城市典型人工造林特征，合理选择乔木、灌木、草本植物种类，开展增强植被冠层截留降雨功能的复层混交林定向抚育的林相改造。根据林地的功能定位、植物种类、林相结构、土壤渗滤状况及周边地形标高和水面标高情况，制订海绵城市建设的林地保护与改造方案。道路、水网等存在地形高差区域的林带建设，应结合地形高差设计形成径流定向汇集传输的植被过滤带，并与湿地、湿塘相结合，形成平原河网地区特征的林地和湿地相结合的绿色廊道，滞留径流和削减污染物。局部改善或改良土壤渗透性能，通过微地形改造、栽植耐淹植物、优化林地汇水路径等方法，提升林地滞留、渗滤地表径流功能。

# 第七章　市政工程环境保护对策的完善

## 第一节　市政工程的环境制度系统及理论依据

制度是一把"双刃剑"，既可以带来有利的影响，也会由于其缺陷给人们带来无须负法律责任的投机或寻租机会。一个完善的法律体系可以带来完美的生态环境效益，而一个具有缺陷的法律制度则总是伴随着不好的环境管理绩效。为了实现特定的制度绩效目标，各相关制度相互依存、相互影响，形成一个共同体即制度系统，单个制度是无法充分发挥作用的。环境制度在控制市政工程环境影响方面起到至关重要的作用。围绕着市政工程，同样存在着为了实现一定环境效益的制度系统。为了全面分析市政工程环境影响的制度性根源，必须对市政工程的环境制度系统有充分的了解。

### 一、市政工程环境制度系统建立的理论基础

#### （一）外部性理论

外部性是指私人成本与社会成本或私人收益与社会收益不等的现象，通俗地说，就是指一个人的经济活动影响到了其他人，却没有因此而付出成本或获得收益的现象。当社会成本大于私人成本时，我们称之为"负的外部性"，即个人生产等活动，对他人产生有害影响并由他人分担活动产生的额外成本，且无须对受害人进行补偿的现象。如企业在生产过程中，因向外界排放废气、废水、废渣等污染物，会对周围居民的身心健康造成很大的影响，其生产活动就具有"负的外部性"。当社会收益大于私人收益时，我们称之为"正的外部性"，即私人生产等活动给他们带来一定的利益且他们无须为这种利益的获得而买单的现象。如社区所建的公园就具有"正的外部性"，它为居民提供可免费享受的幽雅环境，同时也有利于改善城市生态环境。外部性是市场失灵的主要表现之一，市场失灵是指市场无法有效调控、要全部或部分依靠政府进行管制的情形。外部性本质上是指成本或收

益未能完全内部化，要想有效控制外部性，解决成本或收益内部化问题，就要依靠政府通过颁布法律制度等对产权进行界定。所以，制度是能否有效解决外部性问题的决定变量之一。

新制度经济学在将外部性理论引入制度分析的过程中，提出了制度外部性，发展和丰富了外部性理论。制度外部性认为制度一旦产生，便作为一种公共产品为人类服务，且很容易产生外部性。制度是一把"双刃剑"，制度的外部性根据带来的结果不同可分为外部经济和外部不经济两种情况。一个好的制度，可有效地完成其本身使命，取得突出的制度绩效；而一个不适合的制度，非但不能取得好的制度绩效，还可能会成为经济进步的瓶颈。同时，制度外部性还认为，制度的变迁或创新是由于制度没有达到均衡，还存在着超额利益，此时制度的变迁或创新会带来额外利益，进一步实现制度均衡。

制度经济学家认为，当今生态环境问题除了自然力量所引起的人类不可抗拒的自然灾害所带来的环境问题之外，大多数生态环境问题是与人的行为活动所产生的与环境相关的外部性分不开的。同样，市政工程作为在城市生态环境基础上进行的人工活动，其存在的各种生态环境问题就本质而言，就是一种外部性问题。

## （二）可持续发展理论

可持续发展理论是 20 世纪 80 年代提出的一个新概念。可持续发展是基于生态危机、环境破坏日益严重严峻现实背景提出的，是既满足当代人的需求又不对后代人满足其需求能力造成破坏的一种发展。当时国际自然同盟在《世界自然资源大纲》中提出："必然研究自然的、社会的、生态的、经济的及利用自然资源过程中的基本关系，以确保全球的可持续发展。"这是可持续发展概念的首次提出。自可持续发展概念提出之后，一些学者从各自不同的角度对其进行定义，致使可持续发展没有统一的定义，并带给人类对可持续发展观念认识的偏差。之后在《我们共同的未来》中，世界环境与发展委员会对可持续发展做出了权威性的规定："既能满足当代人的需要，又不对后代人满足其需要的能力构成危害的发展。"20 世纪 90 年代，《里约宣言》进一步阐释了可持续发展："人类应享有以自然和谐的方式过健康而富有成果的生活的权利，并公平地满足今世、后代在发展和环境方面的需求，求取发展的权利必须实现。"可持续发展观是一种全新的发展观，是对传统经济发展观的挑战。

传统的经济发展是一种不可持续的增长。传统经济发展观认为，经济增长是各国发展的核心，国家想发展，就必须大量发展经济，经济发达了国家也就高速发展了。此时的发展和增长是统一的概念。旧的经济发展观认为，环境资源是无成本的，是为经济发展所服务的，生态系统是经济系统的子系统，也不过是经济系统开采和处置废物的场所。随着经济的不断发展，工业化、城市化进程的加快，水污染、空气污染、土壤污染等各种生态环境危机的出现，人类面对逐渐对自己身心健康构成威胁的各种环境问题，开始质疑传统经济发展观。20世纪60年代，人们开始把经济增长和发展分开讨论，产生新的发展观。新的发展观认为，经济增长并不意味着发展，一个社会的发展不只包括经济，还包括社会、生态环境等，把经济、社会和生态环境割裂开来，只顾谋求自身的、局部的、暂时的经济利益，会给他人、全局、后代造成不经济的后果甚至是灾难。经济、社会、生态环境是一个统一的有机整体，构成一个不可分割的系统。系统内的各个子系统都是相互依存、相互影响和制约的。人类正是生活在这样一个复杂的系统内，必须保持各个子系统间的统一、稳定，不能破坏其间的平衡。可持续发展观并不否认经济发展，但是也绝对否认单纯地追求经济发展，它是一种统筹发展理论，兼顾各子系统的利益。发展经济时，不能破坏环境利益，不能对人类赖以生存的社会系统其他福利造成损害。生态系统和经济系统不是对立的，生态系统为经济系统提供所需要的物质，而经济系统必定受制于生态系统，且是生态系统的一部分。可持续发展理论自提出以来得到了很好的发展，并已深入人心。

为了保障可持续发展目标的实现，从我国基本国情出发，建立完善的、符合可持续发展思想的环境法律制度是十分必要的。原联合国环境署执行主席托尔巴曾提出以道德标准、无法律约束的措施鼓励人们履行保护环境的义务，但是，事实证明，从道德上对生态环境破坏进行约束是无法取得良好效果的。因此，为了实现可持续发展，实现经济、社会、生态等的协调发展，必须采取强有力的法律手段。

可持续发展制度是一个综合性的制度体系。可持续发展是其他法律制度的原则，任何政策、规划、制度等的颁布必须符合可持续发展的原则，保障生态环境与社会、经济协调统一发展，不会因遭受忽视而致破坏。环境法律制度是以保护环境为目的的、对与环境相关的人类行为进行调控的制度，是可持续发展制度体系的一部分和重要基础，其建立、改革和完善要以实现持续发展为原则，以保障生态环境利益不受破坏。此外，可持续发展并不是一个口号，而是我们在日常生活中通过自己的行动去努力实现的目标。为了实现可持续发展，各种环境制度就要具有可操作性，而不能只是一个原则性的规定。

### （三）环境权理论

环境权是指全体社会成员都享有的在健康、安全和舒适的环境中生活和工作的权利。环境作为公共资产，不具有排他性，任何人都有权使用和享受其带来的服务。任何人的行为都不得损害别人在安全舒适健康的环境中生活的权利。环境权作为一种新兴的权利，是在国家经济社会发展带来的越来越严重的生态环境危机的背景下，于20世纪60年代由学者提出的。

根据环境权理论，环境权可分为环境使用权、知情权、参与权及请求权。环境使用权、知情权、参与权及请求权是环境权的子权利，是环境权得以实施的保障。环境权作为宪法规定的一项基本权利，具有抽象的特点，必须将其具体化才能保障环境权有效运行。环境使用权是基于生态环境资源的公共属性而提出的。生态环境资源作为一项人类的公共资产，是人类所共享的，任何人都具有使用权，任何人不得妨碍或破坏该权利的使用。如清洁空气权、清洁水权、采光权、通风权、眺望权、环境美学权等。环境知情权就是公民在环境事务方面的知情权，公民有权对在与自身利益密切相关的环境中进行的各种活动的资料获得和了解的权利，政府必须保护公民的环境知情权，并主动提供相关的环境方面的信息。环境知情权是环境参与权和环境请求权的先决条件，环境知情权得不到保障，环境参与权和请求权也不可能得到有力的实施。环境参与权是指公众参与环境决策、环保法律实施、环境纠纷的解决、环境保护宣传教育等程序的权利。环境参与权反映了民主化精神，各项与环境相关的规划、政策、计划、决策及法律法规等的决策或执行等都要求有公众参与的程序。环境权要想得到有力实施，必须有相应的补救程序，以在公民环境利益受到损害时，诉诸法律，获得补救，这就是我们说的环境请求权。

权利有应有权利、法定权利和实有权利之分。应有权利是人类基于长期的社会实践而达成的共识，得不到法律的保护。应有权利只有在法律中得到规定才会有法律效力，这就是我们所说的法定权利。法定权利的有效实施必须依靠一系列的相关法律程序。而有相关法律程序确保法定权利得以实施和运行的，就是我们所说的实有权利。从各国的司法实践中可以看出，环境权已经部分地完成了从应有权利向法定权利的过渡，但是，在从法定权利向实有权利的过渡过程中遇到了不小的理论与实践障碍。作为对环境权的反应，一些国家将其列入宪法中，使其作为一项基本人权，像生命权、财产权一样受到保护。然而，与环境权相关的程序法仍然缺失，环境权从法定权利到实有权利的发展仍待解决。

## （四）城市生态系统理论

城市生态系统是一种人工生态系统，是城市居民在与城市环境发生相互作用的过程中形成的统一整体，是人类在对自然环境改造基础上形成的适合人类居住的人工生态系统。

城市生态系统内部各组成要素通过物质循环、能量流动等生态过程而相互联系、相互依存、相互作用，从而形成城市生态系统结构，并承担着生产功能、消费功能和还原功能等生态功能。城市生态系统同样包括生物因素和非生物因素。但是作为一种特殊的生态系统，城市生态系统不仅包括传统生态系统中的如细菌、微生物等生物因素及光、温度、水分等非生物因素，还包括城市生态系统中所独有的人类和社会经济因素。在城市生态系统中，通过物质循环和能量流动，各因素构成了一个具有特定结构和功能的有机系统。

城市生态系统作为一种以人为核心的人工化系统，具有其他生态系统所不具有的独特性：城市生态系统是高度人工化的自然-社会-经济复合生态系统，具有高度的开放性和依赖性，且是脆弱的。作为城市生态系统核心的人，既是城市生态系统的消费者，又是城市生态系统的构造者。城市生态系统是人在自己物质利益或者环境等其他利益的基础上构建的、适合人类居住的人工生态系统，是为人类服务的。城市生态系统以适合人类居住和便于人类生存为宗旨进行改造。人作为城市生态系统唯一主要的消费者，基于个人理性原则，人类总是在努力使环境向着适合自己的方向发展。城市生态系统是消费者占优势的生态系统，其所需的能量和物质几乎都来自其他生态系统的输入，同时，其所产生的废物等也由于地域的局限性，需要借助其他生态系统来消解，从而降低城市生态系统的压力。但是在减少城市生态系统环境压力的同时，却给其他生态系统带来了很大的困扰，甚至严重影响到其他生态系统的平衡。此外，城市生态系统强烈的外部依赖性，也决定了其不可避免的脆弱性。要想城市生态系统可持续发展，必须减少对外部生态系统的破坏，并保护城市生态系统的平衡发展。

城市生态环境具有较强的人工调节功能，对来自外界的冲击能够通过人工调节进行补偿和缓冲。城市作为一个能量消耗高度集中、人口高度集中的区域，每天产生大量的生活类废物、生产类废物，而这些大量的污染物仅靠城市生态系统自身生态过程的消化而恢复到最初状态或承受范围之内的状态是不可能的。当人类活动产生的大量环境影响超过城市生态环境承受区间时，就需要我们及时进行人工调节，以解决生态环境问题。如城市中过于集中的垃圾、污水排放等，单纯地利用城市生态系统自身处理恢复机制是达不到要求的，必须依靠人类提供相应的动力处理机制，去解决日益严重的垃圾、污水排放等城市生态环境问题。

城市生态系统平衡的维持，必须依靠各个子系统的协同平稳发展。所以，在城市基础设施建设中，必须综合考虑城市生态系统的各个子系统，在看到社会、经济利益的同时，确保生态环境利益的实现。政府的各项政策、制度等应更加关注城市生态环境利益，以保持城市生态系统的平稳可持续发展。例如，在政府的财政制度上，加大对生态环境投资的比重，改善财政投资结构；在政府的政绩审计评价中，对其生态环境目标的实现进行审计监督，以督促其更加注重生态环境利益。

# 二、市政工程的环境制度系统

## （一）市政工程的环境制度基础

改善或修复城市生态系统的动力机制包括自然修复和人为修复。在城市生态系统承受力范围内，城市生态系统靠自身的修复能力恢复原状并保持相对稳定性。然而随着城市化、工业化的快速发展，城市生态环境问题越来越严重，并逐渐超出了城市生态系统的承受能力，城市生态系统的容量已经是具有竞争性的稀缺资源。为了避免城市生态环境的继续恶化，满足人们对良好的城市生态环境的需求，作为服务型政府，就要加大对能够改善城市环境的人工动力机制的投资，开展各种旨在治理、改善城市生态系统的工程。这种治理城市生态环境的行为会给政府免费提供等同的生态环境收益，具有正外部性。同时，市政工程作为大型建设工程，在其建设、投入运行中产生的资源浪费或破坏、环境污染、生态破坏、人文景观破坏、交通阻塞、噪声污染等问题，影响了城市生态系统的稳定性发展。而这种负面的环境影响，会给公众带来无法获得补偿的影响。这是一种外部不经济性，即市政工程的负面环境影响是一种环境负外部性。人类的任何活动，必须考虑到其活动所带来的与环境相关的外部性。政府作为市政工程建设的组织单位，必须考虑自己的建设项目对环境产生的外部性，并找出这些外部性影响到的城市生态环境范围，从而采取一定的生态环境保护措施，减少项目建设所带来的环境压力。

由于市政工程环境影响是一种环境外部性问题，而市场在面临外部性问题时存在着受搭便车效应和环境效益溢出等，在环境外部性问题的解决上是失灵的。所以，为了使公共免受外部性带来的环境侵害，解决环境影响外部性内化为政府市政工程建设成本问题，以及督促、激励城市政府加大对环境改善工程的投资，政府的市政工程必须严格按照环境制度规范其环境相关行为，强制其采取行动措施将生态环境影响降到最小，必须进行环境规制。

环境规制是指由于环境污染具有负的外部性，政府通过制定相应的政策与措施，对人类的行为进行调节，以达到保持环境和经济发展相协调的目的，本质上是各种环境制度的执行。环境规制是以一系列法律制度体系为基础和后盾的，单纯地靠伦理道德约束人类行为是不够的，会带来太多的投机选择性。所以，解决上述各种外部性问题，其关键在于环境制度的完善性与执行的有效性。市政工程环境影响结果如何，同时也是相关制度的绩效反映。

环境规制主要有两种手段，即直接规制手段和环境规制的经济手段。在经济手段中，主要包括排污收费制度、产权制度、环境税收制度等。直接规制手段即正式环境法律制度，主要包括环境影响评价制度、环境标准制度、环境审计制度、环境保护法等。环境规制手段的实行力度与市场机制的完善程度有着密切的联系。一般来说，不成熟的市场经济条件下，更倾向于直接规制手段，而成熟的市场经济条件下则偏向于经济手段。在市场经济发展初期，我国依据国情，主要采取直接规制手段。所以，市政工程的环境规制主要是由直接环境制度所控制的，直接环境制度是决定市政工程环境绩效的内生变量之一，决定着市政工程环境外部性解决的情况。可见，市政工程环境影响与其相关环境制度是分不开的，我们要想改善市政工程的环境影响现状，必须找出控制、制约市政工程环境影响的主要制度，找出制度根源并给予改善。

## （二）环境制度在市政工程中的作用

制度是为约束在谋求财富或本人效用最大化中个人行为而制定的一组规章、依循程序和伦理道德规则。制度提供给人类一个活动可选择集，以形塑人们的行为，指导着人们什么事可为，什么事不可为。

制度在市政工程中也起到不容替代的重要作用。在市政工程的环境影响中，对其进行规范控制的、提供激励监督机制的主要是环境制度。笔者认为，环境制度对市政工程来讲，提供的核心功能是激励和约束。在市政工程中，环境影响评价制度、环境标准制度等环境制度，通过禁止机会主义、鼓励环境增益行为、提供有效信息及减少外部性要求等对市政工程环境行为提供激励与约束，从而约束政府在多元目标下的偏好，进而实现减少环境负外部性及增加城市生态环境工程投资的目的。总的来说，环境制度为市政工程提供了一系列环境可行性的选择集，提高了行为可预见性，激励约束着市政工程，以起到减少环境负外部性和增加生态环境工程投资的作用。

对市政工程而言，环境制度对其的制约不仅体现在负面环境影响方面，也体现在正面环境影响方面。对负面环境影响而言，同其他产生生态环境破坏的人类行为一样，受到政策、制度的制约，并按规定必须采取行动控制生态环境影响，将市政工程的环境负外部性降到最小，将本来会给别人带来的环境负效益内部化为工程成本。带来正面环境影响的市政工程，是改善城市生态环境的工程，如增加环境设施等的建设工程，同样受制度制约。致力于改善环境的市政工程达到的标准受环境标准制度、政策制度甚至是公共财政制度等控制。而且，尽管产生了好的环境影响，其工程过程仍然要受到监督审计制度的控制，进行相应的审计，以便合理评价城市生态环境的改良绩效。无规矩不成方圆，任何事物的有效运转，必须有相应的监督激励制度。同样，市政工程要想实现经济、社会、生态环境效益的统一，全面提升其生态环境效益，必须遵循相关的法律规章制度，受环境制度控制。

## （三）市政工程相关环境制度的发展

制度变迁是制度的替代、转化和交易过程。一项制度产生之后，随着社会经济的发展、各种条件的改变及人类认识水平的提高，制度有着向能够实现更高制度绩效方向发展的趋势。根据新制度经济学中所说，制度变迁总是有着发现新生利润的新生利益团体，而这种新生利润就是所说的相对提高的制度绩效。

中华人民共和国成立后，我国大力发展社会经济，改善人民的生活水平，提高人民的物质基础，工业化和城市化进程发展迅速。但是，由于最初生态环境意识的薄弱，导致经济发展产生了严重的生态危机和环境污染，严重阻碍了人类的发展。从 20 世纪 70 年代开始，我国陆续颁布以保护环境、防治污染为目的的环境制度。从最初的以控制和治理环境污染为目的的环境制度，发展到今天的防治结合的环境制度体系，从我国环境制度颁布开始，已经历经了 50 多年。在这期间，我国环境制度不断创新完善，并取得了一定的生态环境效果。与市政工程环境影响相关的环境制度同样经历了从无到有的过程，并为了实现更高的制度绩效即生态环境效益，在不断地改进完善。

环境标准制度从 20 世纪 70 年代开始在我国实行，并在不断发展。环境标准制度作为一项正式的环境法规，囊括了环境质量标准、污染物排放标准等，从施行开始便为环境管理、环境质量评价、污染物排放等提供依据。此外，环境标准制度也是其他环境法律的部分标准依据，如环境影响评价制度、环境审计等都离不开环境标准。环境标准制度规定的环境标准是行政上可能达到的状态，它的制定需要依据一定的科学技术来实现，一个高水平的标准会带来高质量的生态环境，同时这种高的环境标准需要更高的科学技术，所以，环境标准应当根据科学判断随时进行必要的修改。随着社会经济的发展、科学技术水平的提高、人们对生态环境需求的提升及对环境权要求的呼声越来越高，环境标准制度也在不断地修订、变迁，以适应时代发展的需求。目前，我国环境标准制度仍然存在着方方面面的制度缺陷，而这些制度缺陷导致环境标准制度的制度绩效不理想。

任何工程的投资建设都离不开资金，市政工程建设同样离不开政府资金的投入。要想杜绝"形象工程"等市政工程建设所带来的环境影响和资金占位，增加对生态环境工程的投资，就必须从资金投入上进行控制。政府的资金来源于纳税人，政府只是公众部分资金的代理人。根据委托-代理理论，作为代理人的政府，其投资应本着公众的投资收益，体现作为委托人的公众的需求-投资意愿，以避免政府投资脱离公众利益，出现委托-代理风险。市政工程提供着市场机制失灵所不能提供的城市居民需要的城市基础设施，是利用市民的税金进行的投资，其必须体现投资人的意愿，让投资人–市民在市政工程选择等各环节有着知情权、参与权、决策权和监督审计权。为了实现上述目的，就必须建立公共财政制度。

# 第二节 市政工程环境制度的创新与完善

## 一、建立公共财政制度

### （一）确立民主财政原则

市民作为城市政府资金的委托人，应该享有一般投资人所享有的权利，如对资金是如何运用等的知情权，有反映和商讨自己投资意愿的参与权，也有选择资金用途的决策权，更有着作为资金所有者的监督权。城市政府作为资金的代理人，在进行市政工程决策时必须确定与市民所需或者市民的利益相吻合，而这种吻合的实现必须在充分满足市民对公共财政的知情权、参与权、决策权及监督权的前提下才能达到。

知情权是市民参与城市公共财政管理的前提，要让公民充分了解自己城市的公共资金在市政工程中的运用情况，必须增加公共财政相关方面的透明度。而透明度的提高，就需要进一步加大对政府财政预算、管理体制等方面的改革力度。市民的有效参与可以保证市政工程建设朝着市民所需要的方向发展，有效参与需要公共财政制度对听证制度、问责制度等相关参与制度进行规定。同样，决策权和监督权是作为资金所有者的委托人或者投资人所必须拥有的权利，在公共财政制度中应纳入对诉讼权、司法救济权等的制度规定。

随着城市的发展，市民对城市发展中的生态需求越来越高。在市政工程建设中对城市生态环境破坏的情况比比皆是，而治理城市生态环境问题的市政工程是少之又少，这与人们的真正需求是相悖的。在市政工程中，投资方无法满足自己的需求，是与市政工程的初衷或者说投资者利益最大化原则不相符的。人们的需求并不是一成不变的，人们的认知能力也不是一成不变的，所以，在人们需求逐渐改变和认识能力逐渐成熟的情况下，市政工程必须本着公共财政制度中规定的民主财政制度原则让公民充分参与，以便人们充分反映自己的城市生态需求，以减少生态环境破坏或者增加生态环境治理与保护，从制度上根本杜绝把本可以用于生态环境公共投资的资金运用到"形象工程"建设中去的现象。

### （二）合理规定公共财政支出

合理的支出结构也应是公共财政政策改革的重点。根据产权理论，由于"搭便车"等行为，人们对私人产权的关注要远远多于对非私人产权的关注。近年来，政府改革的趋势是建立服务性政府，逐步退出市场，应付市场机制所不能应付的问题即市场失灵问题。所以，政府应该减少对能进行市场核算的政府支出，把更多的财政支出放在公共物品或准公共物品的提供或改善上，加大公共物品或者准公共物品所占的财政支出比重。公共物品或准公共物品中与生态环境改善、维护、修复和保护相关的物品投资所占的比重也应该加大，这是我国城市在城市化、工业化中产生的大量环境污染或生态破坏的必然要求，是城市可持续发展的必然选择，也是在我们对城市生态系统过度使用后所带来的各种城市生态系统的超量负荷的必要补偿。

过去由于对生态环境问题的忽视和对经济发展的过分重视，使得我国在城市化和工业化进程中对城市生态系统造成了极大影响和破坏。随着城市发展，人们逐渐发现宜居城市是经济和环境都得到很好发展的地方，单纯的经济增长并不是发展，因而人们逐渐对生态环境投资产生需求。我国城市每天产生大量废水、废气、废渣、垃圾等，完全超出了城市生态系统的自我处理能力，这就需要依赖人力投资对超负荷部分给予处理。我们要尽快完善公共财政制度，并调节公共财政投资结构，逐渐加大对生态环境的投资，以寻求城市可持续发展。目前，我国生态环境等方面市政工程建设处于"S"形曲线的快速增长时期，而这一发展时期正是需要投资的重点阶段，所以，加大环境公共物品供给工程在市政工程中的比重，改革市政工程投资结构就显得十分迫切。

## 二、完善环境影响评价制度

环境影响评价制度作为环境法中一项重要的法律制度，在市政工程环境制度系统中也占据着重要的地位。完善的环境影响评价制度可以更加有效地预测并控制市政工程建设中的生态环境影响，达到保护城市生态系统的目的。为了提高人类生态环境保护的绩效水平，完善环境影响评价制度，可以从以下四方面对环境影响评价制度进行改善：

### （一）扩大环境影响评价的对象

政策、计划、规划等常是市政工程兴起的源头，又由于政策、计划、规划等战略层面的决定一旦失误将会带来相当范围的重大环境损害，所以，政策、计划、规划等也常是市政工程环境影响产生的源头。为了从源头上减少市政工程的负面环境影响，同时也为了避免政策、计划、规划等给社会带来重大环境影响，必须在政策、计划、规划的早期决策过程中，将环境因素作为与经济、社会因素等同的因素进行考虑，进行环境影响评价。对政策、计划、规划进行的环境影响评价，就是我们所说的战略环境影响评价。从各国的环境影响评价制度的立法实践来看，战略环境影响评价是环境影响评价制度不可缺少的组成部分。为了充分、有效地发挥环境影响评价制度的防治功能，必须进一步完善我国环境影响评价制度的使用范围。针对我国环境影响评价对象只包括建设项目和规划的情况，可从以下两方面完善战略环境评价：第一，增加对立法、政策和计划进行环境影响评价的规定。凡是可能给环境造成重大影响的立法、政策和计划必须进行环境影响评价，确定其环境可行性。同时，"重大环境影响"或"不良环境影响"作为判断是否应进行环境影响评价的客观标准，必须在此予以明确规定。第二，环境影响评价是系统化的程序性制度，在将政策、计划、法规等战略性行为纳入环境影响评价范围的基础上，必须对其评价的方法、程序、内容等做出可操作性的具体规定，以评价其环境可行性，从源头上控制生态环境影响。

## （二）扩展环境影响评价的内容

市政工程作为一个涉及面广的工程，它对城市生态系统造成的影响是各种各样的。然而，在市政工程建设中产生的绿色植被破坏、土壤生态破坏、景观破坏等现象在环境影响评价制度的内容中没有具体规定，造成市政工程的某些生态影响没有前期防治对策，对城市生态环境造成负面影响。为了防止市政工程中的生态环境破坏，环境影响评价制度的评价内容必须包括绿色植被、土壤生态、景观等生态环境影响的具体评价内容、方法、指标等。此外，为了确保市政工程建设与当地社会文化、经济、环境相适应，环境影响评价制度必须对社会评价进行具体规定。社会评价包括社会评价的范围及相关利益群体的确定、参与和协调的具体规定。南京地铁三号线中出现的植被破坏、生态景观受影响及与社会文化相悖等就是由环境影响评价中内容规定部分缺少所导致的，而这部分内容的完善会有效防止生态环境破坏。

## （三）完善环境影响后评价制度

由市政工程的本身特点所决定，市政工程在建设实施中，难免会出现改变规划、改变线路、改变方法甚至是方案的情况。此外，由于人认知的有限性，在环境可行性分析阶段的环境影响评价中，难免会出现对市政工程环境影响预测不到或不准的情形。为了有效控制上述情况所带来的生态环境问题，市政工程必须进行环境影响后评价或者重新进行环境影响评价。所以，为了防控如市政工程建设这样一些不可预知的生态环境影响，针对目前我国建设项目的环境影响后评价报告只须向原审批单位备案即可的情况，环境影响评价制度必须对环境影响后评价的范围、内容、程序、方法进行具体规定，并加大环境影响后评价执行力度。环境影响后评价是可操作性的制度，而不是宏观的原则性规定。环境影响后评价的范围应按照环境影响程度进行界定，对于影响程度较大的工程建设应重新进行环境影响评价，这样可避免大型改变造成的生态环境影响因只须备案而得不到控制。最后，还应加强环境影响后评价的法律地位，对应进行而不进行环境影响后评价的建设单位的法律责任进行明确规定。

### （四）完善公民参与程序

环境影响评价制度中的公众参与制度，指建设单位及审批环境影响报告书机关以外的其他机关、地方政府、社会团体、学者专家、人大代表、政协委员、当地居民等，通过法定的方式，参与环境影响评价的制作、审查与监督等的活动。环境影响评价制度中公众参与制度应是程序性法律，而不应该是原则性规定。为了保证环境影响评价中的公众参与的充分性，在公众参与的实施办法或细节中将原先的原则性规定具体化，对公众参与的程序、方法、内容、时间点等做出具体的、具有可操作性的技术规定，完善公众参与程序。面对不同的工程类型，对公众参与的主体范围和数量做出不同的规定，此外，还必须明确征求公众意见及意见处理、反馈等的操作过程。公众参与的程序性规定可以保证公众在市政工程环境影响评价中的充分参与，以提供宝贵的环境信息，从而避免各种可能发生的环境影响。

## 三、改进环境标准制度

### （一）加入污染物总量控制标准

污染物排放所涉及的不仅有浓度大小还有总量大小。对一个小型污染源来说，浓度大小控制可能会发挥理想的作用，但是对一个有着多处污染源的大型污染体来说，光进行浓度控制是不够的。我国"重浓度控制，轻总量控制"的污染控制政策忽视了环境容量的有限性及污染程度是由污染物总量决定的事实，最终非但没有有效地控制污染物的扩散，反而造成了污染状况的恶化。在污染物排放标准中，没有污染物排放总量标准是不合理的。总量控制是以污染物排放总量与环境目标之间的定量关系为基础，面向区域环境从而实现区域防治的重要制度性措施。因此，为了对污染物排放总量进行控制以达到减少环境污染和生态破坏的目的，无论是在国家污染物排放标准还是在地方污染物排放标准中，都必须加入污染物总量排放量化控制指标，对污染物排放总量进行法律限制。市政工程作为有着多个污染源的大型污染体，在遵循污染物排放浓度标准的情况下，同时对其排放总量进行强制性控制，可以在区域范围内达到保护生态环境的目的，减少市政工程负面环境影响。

## （二）完善生态环境影响指标

市政工程建设作为城市生态系统的一种能动行为，其产生的环境影响是对整个城市生态系统的影响。市政工程在其施工中，不可避免地会造成各种生态环境影响，如绿色植被破坏、土壤破坏、景观破坏等。然而，在我国环境标准中，对于生态环境影响方面的规定少之又少，使得市政工程等人类活动在涉及生态破坏时无法可依，不受法律控制。这就要求我们必须引入生态环境相关指标，以使得在评价工程生态环境影响时有标准可依。环境标准是衡量排污状况和环境质量状况的尺度。对衡量和控制排污状况而言，我国包括环境质量标准、污染物排放标准、环境监测方法标准和环境基准标准在内的环境标准体系完全符合要求。然而对环境质量状况的评价不仅包括对环境污染的衡量，还应包括对生态环境影响的度量，所以仅靠污染防治制度是达不到要求的，必须在环境标准体系中加入评价生态环境影响的量化指标，以使市政工程等人类活动在生态环境影响方面受到控制。

## （三）建立环境标准修订制度

环境标准是综合性指标，是依据国家当时的技术水平、经济条件、环境保护政策及国民健康生活状况综合平衡以后颁布的，它在颁布实施以后会产生什么样的效果，是否与实际情况相符合，还需要适时考察，并且随着国民经济的发展和人们生活水平的提高，对环境品质的要求必定会逐步提高，因此，环境标准要适时复审和修订是各国的通例。随着我国科学技术水平的进步及人们对生态质量要求的提高，环境标准指标也应该达到进一步的高指标要求。为保证环境标准实施的有效性，我们必须及时地对环境标准进行修订，以建立符合实际情况的、具有时效性的标准体系。我国环境标准制度中必须对环境标准的修订原则、方法和程序等进行明确而具体的规定，从而保证环境标准制度的时效性，杜绝我国某些环境标准多年未变、指标落后的现象，以使得环境标准真正发挥作用。另外，在环境标准修订程序中，还应包括评价环境标准时效性的方法及两次评价的最大时间间隔的规定。

# 四、健全环境审计制度

## （一）加大社会审计的力度

环境审计体系包括国家审计、社会审计和内部审计三部分。国家审计在我国的环境审计体系中占据着主导地位。

市政工程是相关政府部门运用公共资源进行旨在为人们提供公共设施或增加人们福利等的一系列建设活动。政府和人们通过委托–代理契约形成各自的权利和义务。作为代理人的政府得到公共资源的使用决策权，而作为委托人的人们则应有监督权和更高层次的决策权。然而委托人和代理人的利益和信息拥有量并不是完全一致的，这些不一致会致使双方发生利益冲突的可能。委托人为了保护自己的利益就要聘用相应的审计机构对代理人的环境责任履行程度进行评价、鉴证和监督；代理人为了向人们保证或者证明其责任的有效履行，聘用独立的审计机构对自己责任的履行程度进行客观公正的评价。但不论是哪一种情况，都应站在保护委托人利益的角度去开展。国家代表着人民的利益，国家审计也要确保不背离人民的利益，但这却不如作为独立机构的社会审计来得有保障。

环境审计制度体系应加强社会审计的主体地位，在市政工程的审计中应确立社会审计的地位，在某些环节上应注明必须采取社会审计，以使审计结果更加真实，更能体现公民的环境利益。政府目标的多元性及各目标中环境利益的劣势地位，也是决定环境审计采取社会审计的原因。

## （二）引入环境绩效审计

长期以来，我国的环境审计主要是针对环保资金的来源到其去向的资金链的运转，而很少对政府环境绩效进行审计，更甚者对资金的财务绩效都没有给予关注。绩效审计源于西方，突破传统的财务审计只关注财务资料的真实性、合法性和合规性的局限，对人类的各种经济社会活动的效率和效果进行评价。环境绩效审计就是环境审计与绩效审计的有机结合，是对被审计单位的环境责任履行情况的评价。作为社会和自然界的一员，每个人的行为不仅体现着经济效益、社会效益，而且体现着环境效益。要充分对环境效益实现程度进行评价，就需要对环境绩效进行评价。这就要求我们在环境审计制度中确定环境绩效评价。

首先，在环境审计制度中，明确环境绩效审计的目标、主体、客体。环境审计的目标是评价被审计单位环境责任的履行情况。其次，在政府绩效审计制度中引入环境绩效。政府的目标具有多元性，分别体现着经济、社会和环境等各方面的利益，而政府基于其本身利益会有偏向地倾向于某一方面利益的实现。目前，我国对各级政府及政府官员的审计主要集中在经济成果上，这与我国可持续发展战略目标的实现是不相吻合的。在政府绩效审计中确认环境绩效审计的权重和地位，可以更加客观全面地反映政府和政府官员的绩效水平，促使政府更加注重环境绩效成果，加大对环境治理和环境保护的投入，并在市政工程建设和运营中尽可能地降低负面环境影响。

## 五、完善公众参与制度

市政工程中的环境利益是各利益相关者博弈的结果，即政府部门和市民或公众进行博弈的结果。在最初的市政工程中，公众只是作为一个被动接受者，无法参与到市政工程相关环境活动中，而政府作为唯一的参与主体，决策着市政工程中实现的生态环境效益。当公众参与主体地位缺失时，政府缺乏必要的约束机制，这就造成市政工程为了充分实现旨在提高市政工程政绩的经济指标，而忽略生态环境效益。随着民主、环境权意识的提高，公众作为市政工程的参与主体地位被确定，为避免城市生态环境影响，成为一股约束、控制政府环境行为的力量。公众的充分参与，一方面作为利益相关方制约着政府部门在其工程的生态环境影响方面的任意作为，另一方面也为政府部门更好地控制环境影响、提高生态环境效益提供了更充分的、必要的信息来源，同时也降低了公众和政府因缺乏必要的沟通而导致公共事件的可能。为了尽可能地避免市政工程建设的生态环境影响，充分体现公众的生态环境需求，避免市政部门侵犯公众环境权，必须从以下四个方面进行制度创新，完善公民参与机制，保证公民在市政工程建设中各个环节的充分参与。

### （一）对公众参与做出一般性规定

环境管理是一项涉及社会各方面的系统性活动，公众作为社会系统的组成部分，其有效参与是环境管理有效性的必然要求。在国外，公众是环境决策、审计、监督等的主要参与主体，政府部门在做出环境相关决定时，常受公众所控制。而环境法下的各种与环境利益相关的环境制度，都各自从不同的角度对公共参与进行原则性规定，较少涉及程序性的具体规定。为了避免不同环境制度中对公众参与制度规定的不同甚至是对立，我们有必要对公众参与制度做出一个统一的一般性规定，明确公众参与环境事务是公民的一项法定权利，且对公众参与的范围、途径、方式等做出总体性规定，进而明确公众参与的法律效力，以统领其他环境法律法规的公众参与的程序性规定。此外，将环境权纳入人类的基本权利，使之成为人类的法定权利，这样公众的环境知情权、环境参与权、环境诉讼权等公众参与相关权利就有了依据，且为满足公众参与的充分性而建立的环境公益诉讼制度、环境信息披露制度、公民参与程序性制度提供基本的法律基础。

市政工程的环境制度系统中，各种制度都有着公众参与的原则性规定。我们对公众参与做出一个统领性的规定，可使各种环境制度并不需要再去考虑公众参与的原则性，而只需要在其制度上，针对其规制的人类行为特点，做出可操作性的程序性规定。

## （二）建立环境公益诉讼制度

环境权是法律规定的、公民享有的在健康、舒适环境中生存的权利，是公民参与环境保护事业的基本权利依据。公民依其所享有的环境权，公民参与制度的规定，有权参与生态环境利益相关的决策、立法、规划、项目、监督、环评等，以维护其自身的公共环境利益。有权利必然要有救济，否则该权利就会形同虚设，无法充分实现。为了充分保障公民的公共环境利益、环境权免受侵害，很多国家纷纷制定了环境公益诉讼制度，如美国、法国、加拿大等都立法确定了公民面对环境公益受损时的诉讼资格、权利、途径。为了保障公民参与环境保护的积极性与充分性，我国必须借鉴国际上先进的立法经验，建立环境公益诉讼制度。

根据我国传统诉讼法规定，唯有直接利益人才有权提起诉讼，诉讼主体是私人利益受到损害的主体。公共环境权益受损时，面临的是一个受损主体范围广、不确定最直接受损人、涉及社会公益的纠纷，而根据我国传统诉讼法规定，这种情况下的权利主体不具备诉讼资格，无法通过司法诉讼环节维护环境公共利益。当政府的市政工程建设侵犯到人们的环境公共利益时，人们无法也没有有效的途径去维护其权益，甚至直到因生态环境问题影响而发生其他反应时，政府才会关注公众的意见。南京市地铁三号线建设所引发的护绿事件，就是由公众在面对政府侵犯其环境公共利益且无法得到有效解决时所导致的其他反应。所以，要克服传统诉讼制度的不足，建立环境公益诉讼制度，确定人民在面对环境公共财产受损时的司法诉讼资格和权利，使人民在面对政府部门行为侵犯其环境权益时，采取司法救济途径，维护城市生态系统的稳定性。

另外，作为公共物品的城市生态环境是一种公共财产，而人们由于"搭便车"的心理影响，在面对政府部门破坏生态环境时，往往采取不予干涉的态度，因为干涉就要付出成本，如诉讼成本。正如科斯所说，人们关心公共物品的程度远远抵不过其关心私人产品的程度。为了避免这种情况，提高公众的参与程度，要建立诉讼减免费用制度等激励制度。

## （三）健全环境信息披露制度

信息的充分性是公众参与环境立法、环境评价、环境监督、环境决策的基础。对污染物排放情况、污染物治理情况甚至是环境损失情况的充分了解，可以让公众有效地评价、监督市政工程建设中的生态环境保护工作，以提高政府环境管理水平、治理水平及治理积极性，减少市政工程建设中的生态环境破坏。

环境信息披露制度决定着环境信息的公开程度、公众获取环境信息的充分性。为了保证公众获取环境信息的充分性及防止政府权力的滥用，必须建立并完善信息公开即环境信息披露制度。环境信息披露制度针对政府与公众关于环境信息的非对称性，必须规定政府有向公众提供详细工程信息、生态环境信息及反映生态环境治理绩效情况的义务，且不可无端拒绝公众请求公开有关环境信息的要求，以保障公众充分的知情权。此外，对听证会、座谈会的信息公开进行制度化规定，以使其真正成为环境信息交流场所。为了防止市政工程等的环境信息透明度不足，应对政府环境信息披露做出定期审计的规定。

市政工程中，市民作为城市的主人、纳税人，有充分的知情权，有获悉、了解市政工程的基本信息、生态环境影响的范围和程度、污染物排放水平及治理生态环境时所能达到的理想水平等的权利。公众只有在获取充分信息的基础上，才能有效地参与到市政工程的决策、环评、监督、审计等过程中。环境信息披露制度的完善可确保市政工程建设信息的完全公开化、透明化。公众在信息充分的情况下，会大力参与环境事业，从而提高市政工程在生态环境方面的关注，并加大对保护、维护、完善生态环境方面的投资。

## （四）完善公众参与程序性规定

公众参与分为两个阶段，即决策性参与和执行性参与。公众的决策性参与和执行性参与正是公众意见的输出过程。在决策性参与中，公众作为城市生态系统的直接接触者和直接受影响者，通过听证会、研讨会及论证会等方式参与，获得信息，并积极发表意见，同专家和组织者一起做出决策，如工程的可行性，以维护切身的城市生态环境利益。对于执行性参与，其实着重于监督和审计环节。市政工程建设在执行中，是否遵守方案设定的基于生态环境利益的生态环境保护措施，是否在工程执行中有其他生态环境破坏，受到公众的监督。公众在对执行性参与中获取的环境信息进行处理后，可将其作为输出信息反馈给市政部门，要求其进行整改。公众的决策性参与和执行性参与都是具体的参与过程，一般的原则性规定并不能满足保证公众各种参与的要求。我们在对公众参与做出一般性规定的基础上，还应做出具体的、可操作的制度性规定。

为了维护公众的生态环境利益，确保公众的充分参与，必须对公众的实质性参与程序做出具体的法律规定，在法律上明确公众参与的方式和内容。将公众参与作为一项硬性规定，将参与程序从信息发布到举行各种听证会等决策环节，再到公众在过程执行中获取的环境意见得到充分解决等作为具体法律性规定。

# 第三节 市政道路项目环境保护对策

## 一、自然环境保护对策

### （一）声环境保护措施

**1. 控制设备机械噪声**

①施工作业的各种施工设备和运输工具应保持正常运行，不得损坏。施工前，应按照机械设备的保养要求，对设备进行保养和修理。如果施工过程中发现机器故障应及时报告并排除。所有运输车辆进入现场后禁止鸣笛，以降低噪声。②现场混凝土泵等大型机械设备进场前应检查验收，经有关部门检验合格并开具合格证后方可投入使用。在使用过程中，工作人员应做好可能发出噪声的部位的防噪声处理工作。③现场施工和木材加工场地应设置隔声棚，可有效降低噪声。木材切割采用木工圆锯，棒材加工采用棒材切割机、棒材弯曲机等较新的设备，其操作性能好而且噪声低。④设备在使用前应定期检查、验查和识别，并在使用过程中积极维护。在特殊情况下设备必须采取专门的噪声控制措施，如设置隔声防护棚、旋转装置防护罩，混凝土泵等设备采用环保机械设备。⑤手持电锯、冲击钻、电镐电锤等小型电动工具有可能发出尖锐噪声，要控制使用时间和频次，夜间作业尽量避免。

**2. 控制工程施工噪声**

①施工前期，要向相关部门办理施工手续，其内容主要包括有关施工场地交通、环卫和施工噪声管理等。②控制施工中的噪声，在脚手架搭拆、安拆模板、绑扎制作钢筋、搅拌混凝土等活动中，要将施工时间安排在白天进行，晚上超过9点后，要采取减少甚至拒绝作业等人为措施控制噪声。③搭设和拆除脚手架或各种金属防护棚时，钢架的搭设应严格遵守搭设和拆除程序，并注意人工安全问题。特别是在拆除工作中，严禁将拆除的钢管或构件从高空抛掷。④在结构施工中，应控制钢筋搬运、组装、拆除、绑扎过程中的冲击声，并按施工作业的噪声控制措施进行作业。严禁随意敲打钢管或铁块模板，特别是从高处拆下的模板。不可撬动它们，使它们自由坠落，也不可从高处抛掷。⑤混凝土振动时，需要按标准施工顺序进行，在施工中控制尖锐噪声。在振捣器冲击模板钢筋过程中，可直接用环保振捣器进行噪声处理。⑥料斗和车辆的废渣处理，不能采用铲、刮，万不得已的

情况下，也要注意力度，杜绝随意敲打制造噪声。

3. 控制运输车辆噪声

①材料设备现场运输过程中，控制运输车辆产生的噪声和材料设备搬运堆放过程中产生的噪声，严格控制进入现场的车辆发出的声音分贝。②钢管、钢筋、金属构件及配件等材料的卸载应采用机械提升或人工搬运，并注意避免剧烈碰撞和撞击产生的噪声。③堆放易产生噪声的材料时，要小心轻放，不要从高处扔，以免发出很大的噪声。异地运输更要控制噪声的产生，避开城市人口密集区，而且要避免车辆对运输线路沿线道路的损坏和污染，避免噪声对沿线居民造成干扰。

4. 控制人为噪声

加大对人为噪声的控制，开展培训增强全体施工生产人员防噪声的素质，并在每周末进行现场培训，动员大家共同努力减少大声喧哗现象。

## （二）空气环境保护措施

1. 控制施工扬尘

①建筑地四周用围墙进行遮挡。材料和堆场采用集中堆放，并用砌墙固定或彩钢板固定，围墙还可以隔挡风沙。②作业区设置在现场附近的裸露硬化地面，并进行夯实后作为加工场、材料堆场和道路；废弃的地面开荒后种植花草、灌木等植被，以此降尘吸尘达到净化空气、美化环境的目的。部分场地采用铺设广场砖，每日洒水来减少尘土飞扬。③运输车辆方面，采取遮盖顶部的方式，混凝土押送车的出料口必须有特质袋子进行包裹，进出场内必须到专门区域进行冲洗，检查符合后方可进离场。④生活方面，要求工人全部使用新能源，生活区及工作现场禁止一切明火，严禁乱扔垃圾，禁止焚烧废物情况，以免造成危险和对周边环境产生不良影响。⑤现场的混凝土、砂浆搅拌机均采用密闭式的防护棚进行防护，避免施工过程中产生粉尘污染以及噪声污染，并安排专人每天进行清理。⑥在施工现场设置大型垃圾回收站，是暂时存放建筑垃圾的地方。小型废料池在回收站旁边，用于清理废料，部分资源可以回收再利用。⑦水泥、沙子等材料易产生粉尘，应设置在工地材料棚内进行密闭存放，确保材料棚密封，并定期巡逻，以防大风天气对材料棚外壳造成损坏。⑧钢筋场地必须硬化，并配备桥墩，以确保钢筋不与积水接触，防止腐蚀。雨季前应购买足够的覆盖材料，如塑料薄膜和帆布。覆盖材料必须放在距离近的现场仓库，以便下雨时能及时取得并覆盖。用完还可以收回，可重复使用并确保其完整性。⑨设置加工棚，用作钢筋、模板木梢的加工。⑩办公、生活区空地种草绿化，达到目测无扬尘的要求。

### 2. 妥善处置固体废弃物

①垃圾应分类堆放，运送至现场垃圾收集站，按照不同种类、是否可回收、是否有毒进行密闭存放。可回收的现场进行重复利用，不可回收垃圾统一由垃圾清运单位使用密闭式垃圾运输车清运出场。②划分区域，将各施工区域分配模板、木方等，并设置垃圾回收堆放区，将材料分别存放，且存放点之间要有间隔，便于区分，防止现场木材乱丢，确保消防安全。③在钢筋车间区设置两个区间——堆放和使用区，废弃金属集中堆放，如钢铁碎屑、断裂丢弃钢筋、被侵蚀的钢管等，避免废弃物对人身安全造成伤害。堆放点要选择干燥、通风的地点，设置防雨措施，避免被氧化，便于回收。④废弃砂、混凝土砌块等堆放在固定场地内，周围采取相应围护和防尘措施，方便进行回填施工时使用。⑤与环保部门指定的垃圾清运单位签订垃圾清运协议，定期清运现场生活、建筑垃圾。⑥根据市政府的要求，对施工现场的生活垃圾、建筑垃圾进行分类，分类运出施工现场。⑦施工现场有毒物品，如油漆、生活用的废电池、化学品等，单独堆放，并由环保部门指定的单位进行处理。⑧加大宣传力度，张贴分类标志，扩大知识传播面，加强现场工作人员对垃圾分类和处理办法的了解，增强自觉意识，从源头上把好关，让大家养成垃圾分类、保持环境卫生的习惯。

### （三）水环境保护措施

在施工现场根据场地平面布置设置相应的排水沟、雨水沉淀池和废水收集池。现场降雨收集后用于冲洗车辆、清洁道路、冲洗厕所等。

食堂生活区设置存油池。厕所利用堆肥方法设置化粪池、沼气池，以便回收再利用。化粪池垫层使用混凝土，四周砌筑抹灰，保证污水不渗漏。工地现场产生的生活、食堂污水，经过专门处理后排入就近的废水管道中。各沼气池、沉淀池、存油池、化粪池有垃圾车定时疏通，确保通畅。

定期进行现场排放水质监测，做到排放无污染。

# 二、社会环境保护对策

## （一）政府部门加强监管措施

在项目正式开工前，与住建部门、交通部门、城管部门等进行沟通，在项目周边可能受影响的区域设置提示牌。

在公交公司等的配合下，提前调整好公交车路线，通过电视、微博、微信公众号等渠道告知群众，便于群众调整出行线路。

通知电力部门提前与施工方对接，明确施工路线，确保施工期间周围群众的供电情况，尽量避免出现断电、电压不稳等现象，如须断电，要提前通知住户并在夜间用电期间及时恢复供电。

全方位收集基础资料，并保证其完整与翔实。项目的投资预测覆盖了各项目有关的信息，包含"三通一平"实际状况、地质条件、气候条件、材料市场价格等。在经济财务评价项目中，更要注重信息收集的精与细。同时，工程造价人员要具备判断资料可用性的能力，明确何种信息具有可利用价值，从而提高投资预测的可靠性。

由管理型政府向服务型政府发展，积极主动改变行政管理角色，不断促进市政工程的质量监管更专业化和社会化，能让群众意见积极渗透其中。角色的转变也能反向促进执法的严格性，确保各个行为主体依法承担相应责任，在舆论方面，政府的压力也可以由各行为主体分担。

创新监管方法，完善监管举报机制，明确市政工程中质量控制要点，对于项目做好积极信息控制有重要作用。对于难以理解的指标做好解释说明，便于群众理解并进行判断。监管方式的丰富对于市政工程有着重要的意义和作用。

本项目内容涉及面较广，工程项目策划也具有显而易见的开放性，信息覆盖面积广泛，需要收集多方面的信息并形成完善的知识体系。单个部门是难以做好全面项目策划的统筹工作的，需要多部门多单位互相配合，互相分享资源并及时沟通，还要根据市场情况紧密结合企业的发展战略，再通过当前项目资源状况形成科学的规划，充分发挥资源配置优势。城市建设管理部门要发挥主体作用，积极与市规划部门商讨。双方要达成市政工程项目具体事项的共识，以总体规划为引导，合理优化各项细则，做好专业规划工作。

## （二）施工方履行社会责任措施

在确定具体的规划后，将项目上报市政府，并经过发展改革委、财政局等部门的共同商讨后，论证项目的可行性。

以上级批复的项目清单为基本依据，根据当前情况如现场条件、建设需求、资金总量等，由建设管理部门编写项目建议书，完善前期材料，多角度反映情况，并且按照正规正确的流程依次做好各项前期准备工作。要坚决克服复杂度高、施工难度大等问题，严格落实规则标准，并有效地解决影响周边日常生活、工期紧张及群众关系难以协调等问题，前期准备工作实际上直接影响着后续各个环节，是提高工作效率的重要基础。

编制科学的项目策划方案，明确在社会环境保护中的管理工作的总目标和细分内容，并通过同类型项目所积累的宝贵经验，创建项目保护策划模板，提出具有适用性的施工标准，并尽可能提高项目实施的可行性和适应性，确保周边群众的日常生活和交通不受影响。

施工单位要时刻考虑施工过程中众多的干扰因素，否则可能导致前期策划难以落实，如突发情况影响到市民出行和日常生活，要根据实际情况及时改变前期项目策划方案以确保其适用性，要时刻以人为本。在施工过程中遇到新的风险，项目负责人要结合实际情况及时调整方案，确保行人的安全。特别是学校及医院附近的施工，要时刻注意施工过程的防护，尽量选取人流量少的时间段进行危险施工，施工时安排专人进行环境巡查，避免行人擅自进入施工现场，并设立警示牌提醒行人。

项目进场施工前，在封闭道路两侧的机铺绿化带、人行道进行改迁施工，保证主道的通行，机动车道两侧 1.5m 处的临时人行通道与护栏之间用柔性立柱隔开，同时，重要路口中间封闭钢便桥，并做好隔音措施。

通过绿色施工技术手段合理控制噪声污染，可以降低不良影响。一是避免噪声污染严重的项目夜间施工，保障施工时长符合规范要求。二是及时淘汰老旧设备，应用先进的、高科技、智能化、绿色环保、低污染的机械设备。根据设备维护与保养需求做好管理，保障设备始终处于最佳的运行状态。三是在市政道路工程施工中要尽可能地应用成型的材料，避免施工材料现场加工，进而达到降低噪声的效果。

通过媒体渠道如微信、电视、微博、广播等，实时和群众分享项目进展情况，积极处理群众反馈的问题，获得群众支持。提前与百度地图等电子地图导航软件、滴滴打车软件进行沟通协调，及时更新道路线路。为缓解交通拥堵、避免造成混乱，项目施工前期，在交通部门的支持下，项目周边区域路口安排专门的交通疏导人员进行疏导，社会车辆禁止进入施工区域，特殊情况须请示领导后疏导员引导其绕行。

项目竣工后，相关负责人要收集多方意见和建议，如周边群众、商户和中小企业对于整体施工过程中造成的经济影响进行反馈。管理者综合考虑并对整个阶段的项目策划工作做出客观且详尽的评价。对于整体项目的总结可以为以后市政工程的实施提供引导，有效规避缺陷。项目策划的闭合性主要体现为在得出竣工评价结果后将结果反馈日常工作中，从而给市政工程在社会环境保护方面提供引导，实现持续性的完善，提高市政建设水平。

### （三）引导群众积极参与社会环境保护措施

及时关注政府发布的动态信息，距离施工点较近的居民施工难免造成噪声污染的现象，要提前做好施工前的对策措施，对于轻微影响生活但是符合标准的操作施工要保持良好的心态交流沟通，不阻碍不闹事，确保双方权益不受损害。

发挥村委会或社区委员会的作用，积极配合市政工程的实施，定期召开社区会议，缓解因施工不便对群众造成的不良情绪，确保社区的稳定。

群众要自觉发挥监督作用，对于违规行为及时监督举报，坚决维护人民群众的利益，对于违规操作危及群众安全的行为要敢于行使监督权积极举报，维护社会环境的稳定。

增强自身安全意识，远离施工现场，不聚群不看热闹，仔细观察警示牌，维护自身生命安全。

积极参与问卷调查，反馈政府或企业的群众调查，合理提出要求，积极参与到市政建设中。

# 参考文献

［1］曹阳艳．市政工程计量与计价［M］．北京：北京理工大学出版社，2018．

［2］赵丽敏．城乡规划相关知识［M］．哈尔滨：哈尔滨工程大学出版社，2018．

［3］刘冬．城市总体规划设计实验指导书［M］．北京：北京理工大学出版社，2018．

［4］饶鑫，赵云．市政给排水管道工程［M］．上海：上海交通大学出版社，2019．

［5］方菲菲．市政与路桥工程CAD［M］．武汉：华中科技大学出版社，2019．

［6］饶鑫，赵云．市政给排水管道工程［M］．上海：上海交通大学出版社，2019．

［7］李海林，李清．市政工程与基础工程建设研究［M］．哈尔滨：哈尔滨工程大学出版社，2019．

［8］郭翔，邓军．综合管廊规划关键问题［M］．深圳：海天出版社，2019．

［9］刘巍，赵肖．环境景观规划设计［M］．北京：北京理工大学出版社，2019．

［10］孔德静，张钧，胥明．城市建设与园林规划设计研究［M］．长春：吉林科学技术出版社，2019．

［11］李江．转型期深圳城市更新规划探索与实践［M］．2版．南京：东南大学出版社，2019．

［12］孙兆杰．全过程旅游规划设计编制思考与实践［M］．天津：天津大学出版社，2019．

［13］房平，邵瑞华，孔祥刚．建筑给排水工程［M］．成都：电子科技大学出版社，2020．

［14］张胜峰．建筑给排水工程施工［M］．北京：中国水利水电出版社，2020．

［15］孙明，王建华，黄静．建筑给排水工程技术［M］．长春：吉林科学技术出版社，2020．

［16］梅胜，周鸿，何芳．建筑给排水及消防工程系统［M］．北京：机械工业出版社，2020．

［17］ 张伟．给排水管道工程设计与施工［M］．郑州：黄河水利出版社，2020.

［18］ 李亚峰，王洪明，杨辉．给排水科学与工程概论［M］．3 版．北京：机械工业出版社，2020.

［19］ 王新华．供热与给排水［M］．天津：天津科学技术出版社，2020.

［20］ 胡群芳．2018 中国城市地下管线发展报告·供排水篇［M］．上海：同济大学出版社，2020.

［21］ 许彦，王宏伟，朱红莲．市政规划与给排水工程［M］．长春：吉林科学技术出版社，2020.

［22］ 赵晶夫．城市规划管理工作的创新与实践［M］．南京：南京出版社，2020.

［23］ 邵益生．城市基础设施高质量发展——2019 年工程规划学术研讨会论文集［M］．北京：中国城市出版社，2020.

［24］ 王苗．中西文化碰撞下的天津近代建筑［M］．天津：天津大学出版社，2020.

［25］ 徐照．BIM 技术理论与实践［M］．北京：机械工业出版社，2020.

［26］ 宋晓明，邓俊杰，李志勤．建筑给排水工程 BIM 设计［M］．北京：机械工业出版社，2021.

［27］ 秦春丽，孙士锋，胡勤虎．城乡规划与市政工程建设［M］．北京：中国商业出版社，2021.

［28］ 陈树龙，毛建光，褚广平．乡村规划与设计［M］．北京：中国建材工业出版社，2021.

［29］ 蒋雅君，郭春．城市地下空间规划与设计［M］．成都：西南交通大学出版社，2021.

［30］ 宋军，王天青．蓝图与梦想·青岛市城市规划设计研究院优秀作品集［M］．济南：山东大学出版社，2021.

［31］ 段宁，张惠灵，范先媛．建设项目环境影响评价［M］．北京：冶金工业出版社，2021.

［32］ 张连生．建设法规［M］．南京：东南大学出版社，2021.

［33］ 王迪，崔卉，鲁教银．城市给排水工程规划与设计［M］．长春：吉林科学技术出版社，2022.

［34］ 张瑞，毛同雷，姜华．建筑给排水工程设计与施工管理研究［M］．长春：吉林科学技术出版社，2022.

［35］张建锋，王社平，李飞．给水排水工程施工技术［M］．西安：西安交通大学出版社，2022.

［36］邵宗义．市政工程规划［M］．北京：机械工业出版社，2022.

［37］黄俊鑫，李义军，周辅昆．市政工程规划设计与经济分析［M］．武汉：华中科技大学出版社，2022.

［38］王迪，崔卉，鲁教银．城市给排水工程规划与设计［M］．长春：吉林科学技术出版社，2022.